冶金工业出版社

普通高等教育"十四五"规划教材

普通化学学习指导

Study Guide of General Chemistry

王明文　主编

本书数字资源

北　京

冶 金 工 业 出 版 社

2024

内 容 提 要

本书是与《普通化学简明教程》(第二版)(以下简称《简明教程》)配套使用的学习辅导书。全书共四章:化学反应的基本原理、溶液化学、电化学、微观物质结构,与《简明教程》相对应。每章包括学习要求、重难点解析、例题解析、课后习题简明答案、自测题及参考答案五个版块,最后附有七套综合测试题及参考答案。

本书既可与《简明教程》一起作为高等院校土木工程、矿业工程、热能工程、机械、安全、高等工程师等专业的本科生普通化学课程的系列教材,也可独立作为普通化学课程拓展的答疑辅导和习题集使用。

图书在版编目(CIP)数据

普通化学学习指导/王明文主编.—北京:冶金工业出版社,2023.4(2024.7重印)

普通高等教育"十四五"规划教材

ISBN 978-7-5024-9458-2

Ⅰ.①普… Ⅱ.①王… Ⅲ.①普通化学—高等学校—教学参考资料 Ⅳ.①O6

中国国家版本馆 CIP 数据核字(2023)第 052127 号

普通化学学习指导

出版发行 冶金工业出版社　　　　　　　　电　　话 (010)64027926
地　　址 北京市东城区嵩祝院北巷 39 号　　邮　　编 100009
网　　址 www.mip1953.com　　　　　　　电子信箱 service@ mip1953.com

责任编辑 于昕蕾 美术编辑 吕欣童 版式设计 郑小利
责任校对 王永欣 责任印制 禹 蕊
三河市双峰印刷装订有限公司印刷
2023 年 4 月第 1 版, 2024 年 7 月第 2 次印刷
787mm×1092mm 1/16; 9 印张; 213 千字; 134 页
定价 30.00 元

投稿电话 (010)64027932 投稿信箱 tougao@ cnmip. com. cn
营销中心电话 (010)64044283
冶金工业出版社天猫旗舰店 yjgycbs. tmall. com
(本书如有印装质量问题,本社营销中心负责退换)

前　　言

本书是与教材《普通化学简明教程》（第二版）配套使用的。

《普通化学简明教程》（第二版）是一本为土木工程、矿业工程、热能工程、机械、安全、高等工程师等专业编写的高等院校的化学教材。按照出繁入简的原则，理论部分集中为四章，适用于工科院校少学时的普通化学课程教学。

本书与《普通化学简明教程》（第二版）相对应。全书共四章：化学反应的基本原理、溶液化学、电化学、微观物质结构。每章包括学习要求、重难点解析、例题解析、课后习题简明答案、自测题及参考答案五个版块，最后附有七套综合测试题及参考答案。学习要求版块对本章学习内容和知识要点的要求加以明确，分为理解和掌握、了解、选学三种；重难点解析版块将教材中的重点问题或者难点问题进行集中阐述，有助于问题的强化和理解；例题解析版块选择典型例题进行详细分析和讲解，并且与教材不重复；自测题和综合测试题版块帮助学生对学习效果进行检验；最后两套综合测试题为考研真题，供学有余力的同学使用。

本书第一章由闫红亮和王海龙编写，第二章由李新学编写，第三章由臧丽坤编写，第四章由王明文、车平和边永忠编写。全书由王明文任主编并统稿。

本书的编写得到了教育部本科教学工程——"专业综合改革试点项目"经费和北京科技大学教材建设基金的资助。

由于编者水平有限，书中难免存在不妥之处，恳请广大读者批评指正。

王明文

2023 年 1 月

目　录

第一章　化学反应的基本原理

一、学习要求

（1）理解化学热力学的基本概念；掌握热力学第一定律及其数学表达式，理解定容反应热、定压反应热及焓的概念，了解热化学方程式，掌握应用盖斯定律，由标准摩尔生成焓、标准燃烧焓数据求算反应标准摩尔焓变的方法。

（2）了解自发反应，理解熵的物理意义，掌握由标准摩尔熵求算标准摩尔熵变的方法。

（3）掌握标准摩尔吉布斯函数变及非标准状态下吉布斯函数变的计算方法。

（4）了解化学平衡的基本特征，熟悉标准平衡常数的表达式及其与标准吉布斯自由能变的关系式，掌握应用标准平衡常数预测反应方向、计算平衡组成的方法，了解化学平衡移动的影响因素，掌握相关计算。

（5）理解化学动力学的基本概念，熟悉质量作用定律的表达式，掌握一级反应的有关计算方法，掌握阿仑尼乌斯公式以及活化能的有关计算；了解过渡态理论的基本要点；了解催化作用原理及催化剂的主要特征。

二、重难点解析

（一）化学热力学的基本概念

热力学是研究宏观体系热能与其他形式能之间相互转换规律的一门科学。其主要依据是具有高度普遍性和可靠性的热力学第一、第二和第三定律。化学热力学就是热力学原理在化学中的应用，其主要任务是解决化学反应的可能性、方向、限度及能量变化等基本问题，但不涉及反应是否实现、如何实现及进行的快慢等问题。

化学动力学主要研究化学反应的速率及其影响因素，并探讨反应所经历的途径即反应机理问题。

对于某一化学反应的研究，化学热力学和化学动力学两者是相辅相成、缺一不可的。

热力学系统的状态是系统一切物理和化学性质的综合。系统的状态与表征该系统状态的物理量之间具有函数关系：当系统处于一定状态时，这些物理量都有唯一的值与之对应，即系统状态相当于自变量，这些物理量相当于因变量。因此将这些物理量命名为状态函数。状态函数的性质可简单概括为：状态一定，其值一定；殊途同归，值变相等；周而复始，值变为零。状态函数根据其性质可分为两类，即广度性质和强度性质，前者与体系物质的量有关，具有加和性（不一定是简单加和），而后者与体系物质的量无关，不具有加和性。

道尔顿分压定律即在一定温度条件下，混合气体的总压力（热力学中的压力实际是物理中的压强）等于各组分气体分压力之和，其中分压是指各组分气体单独占有与混合气体相同的体积时，各组分气体所具有的压力。

在规定热力学标准态时不指定温度，仅限定了压力。物质的聚集状态不同，标准状态的规定也不同，注意混合气体的标准状态是指各组分气体的分压均为标准压力 $p^{\ominus}$ 时的状态。如果反应 $2NO(g) + 2CO(g) \rightarrow N_2(g) + 2CO_2(g)$ 处于标准状态，则各组分气体的分压均为 $p^{\ominus}$。因此某些化学反应是不能处在标准状态的，比如：$2H_2(g) + O_2(g) \rightarrow 2H_2O(l)$，当 $H_2(g)$ 和 $O_2(g)$ 处于标准状态时，即两者的分压均为 100kPa，此时总压为 200kPa，因此 $H_2O(l)$ 没有处于标准状态。不过一般压力对液体和固体的影响较小，可以不考虑。

（二）恒容反应热 Q_V 与恒压反应热 Q_p 的关系

热力学第一定律是能量转化与守恒定律在热力学体系中的具体应用，其数学表达式为 $\Delta U = Q + W$，注意与之相关的计算中热和功的正负规定：体系向环境放热，Q 为负值；体系从环境吸热，Q 为正值；体系对环境做功，W 为负值；环境对体系做功，W 为正值。

化学反应的反应热是指等温反应热。

在仅做体积功条件下，在恒容过程中体系与环境所交换的热称为恒容反应热 Q_V，在数值上等于体系的热力学能变 ΔU。对于化学反应，即为在恒容等温条件下的恒容反应热，即 $\Delta U_r = Q_V$。

在不做非体积功条件下，体系在恒压过程中与环境所交换的热称为恒压反应热 Q_p，在数值上等于体系的焓变 ΔH。对于化学反应，即为在恒压等温条件下的恒压反应热，即 $\Delta H_r = Q_p$。由于化学反应一般在仅做体积功的恒压条件下进行，故化学热力学常用 ΔH 来直接表示恒压反应热 Q_p。Q_p 与 Q_V 的关系式如下：

$$Q_p = Q_V + \Delta n_g(RT)$$

式中，Q_p 与 Q_V 均为摩尔反应热；Δn_g 表示反应进度 $\xi = 1mol$ 时产物中气体的物质的量总和减去反应物中气体的物质的量总和，即参与反应的气体物质的化学计量数之和；T 为反应始终态的热力学温度；R 为摩尔气体常数。该式对于理想气体反应严格符合，对于有气体参与的多相反应近似符合。

（三）赫斯定律及其应用条件

赫斯定律的表述为：不做非体积功时，在恒压或恒容条件下，一个化学反应不管是一步完成或是分几步完成，它的反应热都是相同的。即此特殊条件下的反应热只决定于体系（或过程）的始态和终态，与反应所经历的途径无关。这个定律使得各个热化学方程式之间可以像普通代数方程一样进行加减消元运算，此加减消元运算所得关系式必然也是各步反应的反应热加减运算的结果，所以通过合理设计反应途径，可以根据某些容易测出的反应热数据计算某些难以直接测定的化学反应的热效应。

运用赫斯定律进行热化学计算时，须满足三个条件：（1）在各步反应过程中，非体积功均为零；（2）各步反应的温度、压力应统一；（3）用于加减消元运算的各化学反应方程式，必须是严格完整的热化学方程式。

由标准摩尔生成焓或标准摩尔燃烧焓数据求任意反应的标准反应热 $\Delta_r H_m^{\ominus}$ 的计算公式如下：

$$\Delta_r H_m^{\ominus}(298.15K) = \sum_B \nu_B \Delta_f H_m^{\ominus}(B, 298.15K)$$

$$\Delta_r H_m^{\ominus}(298.15K) = -\sum_B \nu_B \Delta_c H_m^{\ominus}(B, 298.15K)$$

根据标准摩尔生成焓或标准摩尔燃烧焓的定义，上述公式是运用赫斯定律的结果。式中，B 代表参与反应的物种，ν_B 为物种 B 相应的化学计量数；对于反应物，ν_B 为负值；对于产物，ν_B 为正值。$\Delta_f H_m^{\ominus}$ 为物种 B 相应的标准摩尔生成焓，$\Delta_c H_m^{\ominus}$ 为物种 B 相应的标准摩尔燃烧焓。

（四）熵的物理意义和熵变

熵 S 代表体系混乱度的大小。混乱度越大，熵值越大。熵的物理意义可由它与混乱度的定量关系——玻耳兹曼关系式来阐明：

$$S = k\ln\Omega$$

式中，k 为玻耳兹曼常数；Ω 为混乱度（热力学概率），即某一宏观状态所对应的微观状态数。熵是状态函数，因此，熵变 ΔS 只取决于体系状态变化的始终态，与途径无关。

热力学第三定律的主要内容为：在绝对零度时，任何纯物质的完美晶体（指晶体内部无任何缺陷，此时热运动停止，质点排列完全有序，且只有一种排列方式，即与该宏观状态所对应的微观状态数为 1）的熵值为零。

而实际上在 0K 时，并非所有纯物质都能形成完美晶体，又由于同位素的存在及原子核的自旋方向不同都使 S_0 不可能为零，但因一般化学工作者不必考虑这些因素，而是人为地规定 $p = p^{\ominus} = 100kPa$，$T = 0K$ 时，$S_0^{\ominus} = 0$。以此为相对标准求得任意温度的熵值称为物质的规定熵。$S_m^{\ominus}$ 是单位物质的量纯物质在标准状态下的规定熵，称为标准摩尔熵。

由标准摩尔熵数据求任意反应标准反应熵变 $\Delta_r S_m^{\ominus}$ 的计算公式为

$$\Delta_r S_m^{\ominus}(298.15K) = \sum_B \nu_B S_m^{\ominus}(B, 298.15K)$$

式中，B 代表反应物种，ν_B 为 B 相应的化学计量数；$S_m^{\ominus}$ 为标准摩尔熵。如果某温度范围内各物种不存在相态变化，可以认为标准反应熵变不随温度变化，即

$$\Delta_r S_m^{\ominus}(T) \approx \Delta_r S_m^{\ominus}(298.15K)$$

（五）吉布斯自由能变

吉布斯自由能 G 的定义为：$G = H - TS$，它是系统的一个状态函数，可视为恒压等温条件下系统总能量中具有做非体积功本领的那部分能量。

吉布斯自由能变化 ΔG 的物理意义为：在等温等压下，一个封闭系统所能做的最大非体积功 $(-W')$ 等于其吉布斯自由能的减少。

恒温恒压、不做非体积功条件下判断化学反应方向的吉布斯自由能判据如下：

$\Delta_r G < 0$，反应正向自发；

$\Delta_r G = 0$，反应体系处于平衡状态；

$\Delta_r G > 0$，反应正向不自发（若可逆反应则逆向自发）。

$\Delta_r G_m^{\ominus}$ 的计算结果可用来判断标准态下化学反应自发进行的方向。求算 $\Delta_r G_m^{\ominus}$ 的公式为：$\Delta_r G_m^{\ominus} = \Delta_r H_m^{\ominus} - T\Delta_r S_m^{\ominus}$。

该公式把影响化学反应自发方向的两个因素：能量变化（表现为恒压反应热 $\Delta_r H_m^{\ominus}$）与混乱度变化（表现为反应熵变 $\Delta_r S_m^{\ominus}$）结合了起来。也就是说，不同温度下的反应方向取决于 $\Delta_r H_m^{\ominus}$ 和 $T\Delta_r S_m^{\ominus}$ 值的相对大小。要知道它们的相对大小，必须先计算 $\Delta_r H_m^{\ominus}$ 和 $\Delta_r S_m^{\ominus}$。因此，该公式的运用，有利于本章知识的前后贯通，是本章重点要求掌握的内容。

任意态时反应或过程的吉布斯函数变 ΔG，由化学反应等温式计算：

$$\Delta_r G_m(T) = \Delta_r G_m^{\ominus}(T) + RT\ln J$$

式中，J 为反应商，注意在反应商表达式中，气体反应物为相对压力 $p/p^{\ominus}$，水合离子的相对浓度 $c_B/c^{\ominus}$，而固态或液态纯物质，则不必列入反应商表达式。

$\Delta_r G_m^{\ominus}$ 只能用来判断标准状态下反应的方向。实际应用中，反应混合物很少处于相应的标准状态。对于恒温恒压下任意状态的反应，其自发进行的方向应由相应状态下的 $\Delta_r G_m$ 来判断，即通过化学反应等温式计算出 $\Delta_r G_m$，当 $\Delta_r G_m < 0$ 时，系统在 $\Delta_r G_m$ 的推动下，使反应沿着确定的方向自发进行。随着反应的不断进行，$\Delta_r G_m$ 值越来越大，当 $\Delta_r G_m = 0$ 时，反应因失去推动力而在宏观上不再进行了，即反应达到了平衡状态。

虽然任意状态的反应，须由相应状态下的 $\Delta_r G_m$ 来判断其自发进行的方向，但在化学反应等温式中，$\ln J$ 往往比较小，对 $\Delta_r G_m$ 的影响不十分显著。根据经验，通常情况下，若 $\Delta_r G_m^{\ominus} < -40\text{kJ/mol}$，往往 $\Delta_r G_m < 0$，即此种情形下，通过改变浓度或压力，难以改变反应方向。因此就有如下的经验判据：

$\Delta_r G_m^{\ominus} < -40\text{kJ/mol}$，反应一般正向进行；

$\Delta_r G_m^{\ominus} > 40\text{kJ/mol}$，反应一般逆向进行；

$\Delta_r G_m^{\ominus} = -40 \sim 40\text{kJ/mol}$，必须用 $\Delta_r G_m$ 来判断反应方向。

（六）化学平衡和标准平衡常数

化学平衡是动态平衡，即 $r_正 = r_逆 \neq 0$，表现为平衡体系中各物种的浓度和分压不再随时间而变化。

标准平衡常数 $K^{\ominus}$ 是某一反应在特定条件下能够进行的最大限度，其值大小与反应本性、温度有关，同时还与计量方程式的写法有关。标准平衡常数量纲为1。在其表达式中，气态物质以相对分压 $p_i^{eq}/p^{\ominus}$、溶液以相对浓度 $c_i^{eq}/c^{\ominus}$ 表示，$p^{\ominus} = 100\text{kPa}$，$c^{\ominus} = 1.0\text{mol/L}$。对于多相化学平衡，参加反应的纯固体、纯液体或稀溶液中的溶剂，其浓度可看作常数，不必写入标准平衡常数表达式。

标准平衡常数 $K^{\ominus}$ 与反应商 J 的表示方法原则相同，只是前者为相对平衡浓度、相对平衡分压，后者为任意状态的瞬时相对浓度或瞬时相对分压。

（七）相变过程的平衡移动与蒸气压

相变过程可看作一类特殊的反应，用化学平衡原理加以讨论。例如：

$$H_2O(l) \rightleftharpoons H_2O(g) \qquad \Delta_{vap}H_m = \Delta_r H_m^{\ominus} \qquad K^{\ominus} = p_{H_2O}/p^{\ominus}$$

则不同温度下水的饱和蒸气压可用范特霍夫方程处理：

$$\ln\frac{p_2}{p_1} = \ln\frac{p_2/p^{\ominus}}{p_1/p^{\ominus}} = \ln\frac{K_2^{\ominus}}{K_1^{\ominus}} = \frac{\Delta_r H_m^{\ominus}}{R} \times \frac{T_2 - T_1}{T_2 T_1}$$

因为水的蒸发是吸热过程，即 $\Delta_{vap}H_m>0$，所以根据上式，水的饱和蒸气压随着温度升高而增大（即当 $T_2>T_1$ 时，$p_2>p_1$）。

（八）化学反应速率的概念

化学反应速率是通过实验测量在一定的时间间隔内某反应物或某产物浓度的变化来确定的。检测物质浓度的变化可以采用化学分析和仪器分析的方法。随着反应时间的推移，参与反应的各物质的浓度不断变化，要得到准确的实验数据，一方面必须选用适宜的检测方法——由于仪器分析方法常常仅需微量样品，并且具有更快速、更灵敏、自动化及实时在线等优点，所以得到更广泛的应用；另一方面需要严格控制实验条件。例如，准确地控制反应温度，采取冷却或稀释的方法及时终止反应等。

为描述反应进行的快慢，可以用反应物浓度随时间的不断减小来表示，也可以用生成物浓度随时间的不断增大来表示，但由于反应式中反应物和生成物的化学计量数不尽相同，所以用某种反应物或生成物的浓度随时间的变化率来表示反应速率时，所得数值未必一致。为此，采用了反应进度的变化率来定义化学反应速率，则其量值与所研究反应中物质的选择无关。由于反应进度与化学方程式的写法有关，化学反应速率自然也随化学方程式写法的变化而变化。

根据考察时间的不同，化学反应速率有平均速率和瞬时速率两种表示方法。

平均速率 $\bar{v} = \frac{\Delta\xi}{\Delta t} = \frac{1}{\nu_B} \times \frac{\Delta n_B}{\Delta t}$，即在一段时间内，某化学反应的反应进度随时间变化的平均值。但化学反应并不是等速进行的，平均速率并不是化学反应的真实速率。瞬时速率才能确切地表明化学反应在某一时刻的速率。化学反应的瞬时速率等于时间间隔 Δt 无限趋近于零时，平均速率的极限值。即 $v = \lim\limits_{\Delta t\to 0}\bar{v} = \frac{1}{\nu_B} \times \frac{dc_B}{dt}$，通常可用作图法来求得。

（九）质量作用定律和化学反应速率方程

质量作用定律仅适用于基元反应。对于基元反应，$aA+bB \to gG+hH$，其反应速率方程可依据质量作用定律直接写出，即 $v = kc(A)^a \cdot c(B)^b$，其中各浓度的指数就是反应式中各物质相应的系数，该反应的反应级数为 $n=a+b$。

若 $aA+bB \to gG+hH$ 是复杂反应，则 A、B 物的分级数不一定等于 a 和 b，若分别为 α、β（应由实验测定），则该复杂反应的反应级数 $n=\alpha+\beta$。

反应级数可以是正整数，也可以是分数，甚至负数。其大小一般反映了反应物浓度对反应速率的影响程度，级数越大，表明反应物浓度对反应速率的影响越大；若为负级数，则表示反应物对反应的进行起阻碍作用。速率方程中，k 称为速率常数，但它并非一个绝对的常数，它与温度、催化剂、介质等反应条件有关。在相同条件下，k 越大，表示反应速率越大。

（十）反应速率的过渡态理论

过渡态理论认为化学反应不是通过分子之间的碰撞直接变成产物，而是要经过一个由反应物分子之间以一定的构型存在的、能量相对较高的中间过渡态，即活化配合物，在此状态，一些化学键正在削弱，另一些化学键正在形成。活化配合物能较快地分解，可转变为产物，也可转变为反应物。反应物、产物分子平均能量与活化配合物分子的平均能量之差，分别为正、逆反应的活化能。正、逆反应活化能之差近似等于反应热。即 $\Delta_r H \approx E_{a正} - E_{a逆}$。

三、例题解析

【例1-1】　设有 1mol 理想气体，由 487.8K、20L 的始态，反抗恒外压 101.325kPa 迅速膨胀至 101.325kPa、414.6K 的状态。因膨胀迅速，体系与环境来不及进行热交换。试计算 W、Q 及体系的热力学能变 ΔU。

▶ **考察要点**：功的计算和热力学能的计算。

解：按题意此过程可认为是绝热膨胀，故 $Q = 0$。

$$W = -p_{外} \Delta V = -p_{外}(V_2 - V_1)$$

$$V_2 = \frac{nRT_2}{p_2} = \frac{1 \times 8.314 \times 414.6}{101.325} = 34.02L$$

$$W = -101.325 \times (34.02 - 20) = -1.4 \times 10^3 J$$

$$\Delta U = Q + W = 0 - 1.4 \times 10^3 = -1.4 \times 10^3 J$$

ΔU 为负值，表明在绝热膨胀过程中体系对环境所做的功是消耗体系的热力学能。

【例1-2】　25℃时，一个容积为 3L 的密闭钢瓶中有氮气 3.00g、氦气 2.00g 和甲烷 4.00g，试计算钢瓶中三种气体的摩尔分数和分压。

▶ **考察要点**：道尔顿分压定律。

解：摩尔分数公式 $x_i = \frac{n_i}{n_总} = \frac{p_i}{p_总}$

$$n(N_2) = \frac{3.00}{28.0} = 0.107mmol, \quad n(He) = \frac{2.00}{4.00} = 0.500mmol, \quad n(CH_4) = \frac{4.00}{16.0} = 0.250mmol$$

$$x(N_2) = \frac{n(N_2)}{n(N_2) + n(He) + n(CH_4)} = \frac{0.107}{0.107 + 0.500 + 0.250} = 0.125$$

$$x(He) = \frac{n(He)}{n(N_2) + n(He) + n(CH_4)} = \frac{0.500}{0.107 + 0.500 + 0.250} = 0.583$$

$$x(CH_4) = \frac{n(CH_4)}{n(N_2) + n(He) + n(CH_4)} = \frac{0.250}{0.107 + 0.500 + 0.250} = 0.292$$

$$p(N_2) = \frac{n(N_2)RT}{V} = \frac{0.107 \times 8.314 \times 298}{3} = 88.4kPa$$

$$p(\text{He}) = \frac{n(\text{He})RT}{V} = \frac{0.500 \times 8.314 \times 298}{3} = 413\text{kPa}$$

$$p(\text{CH}_4) = \frac{n(\text{CH}_4)RT}{V} = \frac{0.250 \times 8.314 \times 298}{3} = 206\text{kPa}$$

【例 1-3】 甲苯的燃烧反应为 $C_7H_8(l) + 9O_2(g) = 7CO_2(g) + 4H_2O(l)$。298.15K 时，在弹式量热计中 5.00g 甲苯（常温是液体）完全燃烧所放出的热为 47.9kJ。试求该反应在恒压及 298.15K 条件下进行时的恒压反应热 $\Delta_r H_m$。

▶ **考察要点**：$\Delta_r H_m = Q_{p,m} = Q_{V,m} + \Delta n_g(RT)$。

解：甲苯的摩尔质量 $M = 92.1\text{g/mol}$。故其物质的量为

$$n = \frac{5.00}{92.1} = 5.43 \times 10^{-2}\text{mol}$$

而弹式量热计中发生的是恒容反应，所以

$$Q_V = -47.9\text{kJ}$$

$$Q_{V,m} = \frac{Q_V}{n} = \frac{-47.9}{5.43 \times 10^{-2}} = -882\text{kJ/mol}$$

则反应的摩尔恒压热效应为

$$\Delta_r H_m = Q_{p,m} = Q_{V,m} + \Delta n_g(RT)$$
$$= -882 + (7-9) \times 8.314 \times 10^{-3} \times 298.15 = -887\text{kJ/mol}$$

【例 1-4】 反应 $2C_2H_2(g) + 5O_2(g) = 4CO_2(g) + 2H_2O(l)$ 在标准状态及 298.15K 下的反应热效应为 $\Delta_r H_m^\ominus(298K) = -2600.4\text{kJ/mol}$。已知相同条件下，$CO_2(g)$ 和 $H_2O(l)$ 的标准生成热分别为 -393.51kJ/mol 和 -285.83kJ/mol。试计算乙炔 $C_2H_2(g)$ 的标准生成热 $\Delta_f H_m^\ominus(298K)$。

▶ **考察要点**：$\Delta_r H_m^\ominus(T) = \sum \nu_B \Delta_f H_m^\ominus(B, T)$。

解：根据乙炔的氧化反应式

$\Delta_r H_m^\ominus(298K) = 4\Delta_f H_m^\ominus[CO_2(g)] + 2\Delta_f H_m^\ominus[H_2O(l)] - 2\Delta_f H_m^\ominus[C_2H_2(g)] - 5\Delta_f H_m^\ominus[O_2(g)]$

故 $\Delta_f H_m^\ominus[C_2H_2(g), 298K] = \dfrac{4 \times (-393.51) + 2 \times (-285.83) - 5 \times 0 - (-2600.4)}{2}$

$$= 227.4\text{kJ/mol}$$

【例 1-5】 由《普通化学简明教程》（第二版）中的附表 4 相关物质的标准燃烧热数据，计算 $CO(g) + 3H_2(g) = CH_4(g) + H_2O(l)$ 在 298.15K 及标准状态下的反应热。

▶ **考察要点**：用燃烧热求反应热 $\Delta_r H_m^\ominus(T) = -\sum \nu_B \Delta_c H_m^\ominus(B, T)$。

解：相关物质的燃烧反应和标准燃烧热数据如下：

（1）$CO(g) + \frac{1}{2}O_2(g) = CO_2(g)$　　　$\Delta_r H_{m,1}^\ominus = \Delta_c H_m^\ominus(CO, g) = -282.98\text{kJ/mol}$

（2）$H_2(g) + \frac{1}{2}O_2(g) = H_2O(l)$　　　$\Delta_r H_{m,2}^\ominus = \Delta_c H_m^\ominus(H_2, g) = -285.83\text{kJ/mol}$

（3）$CH_4(g) + 2O_2(g) = CO_2(g) + 2H_2O(l)$　　$\Delta_r H_{m,3}^\ominus = \Delta_c H_m^\ominus(CH_4, l) = -890.36\text{kJ/mol}$

由 $1\times(1)+3\times(2)-1\times(3)$ 得：$CO(g) + 3H_2(g) = CH_4(g) + H_2O(l)$

根据赫斯定律，此反应的热效应为

$$\Delta_r H_m^{\ominus} = 1 \times \Delta_r H_{m,1}^{\ominus} + 3 \times \Delta_r H_{m,2}^{\ominus} - 1 \times \Delta_r H_{m,3}^{\ominus}$$

$$= 1 \times \Delta_c H_m^{\ominus}(CO, g) + 3 \times \Delta_c H_m^{\ominus}(H_2, g) - 1 \times \Delta_c H_m^{\ominus}(CH_4, g)$$

$$= (-282.98) + 3 \times (-285.83) - (-890.36)$$

$$= -250.11 kJ/mol$$

【例 1-6】 已知 298.15K 时 $\Delta_f H_m^{\ominus}[HgO(s)] = -90.83kJ/mol$，$S_m^{\ominus}[HgO(s)] = 70.29kJ/mol$，$S_m^{\ominus}[Hg(l)] = 76.02J/(mol \cdot K)$，$S_m^{\ominus}[O_2(g)] = 205.138J/(mol \cdot K)$。试判断反应 $2HgO(s) = 2Hg(l) + O_2(g)$ 在 298.15K、标准状态下正向能否自发？并估算最低反应温度。

▶ **考察要点**：熟练 $\Delta_r G_m^{\ominus}(T)$、$\Delta_r G_m^{\ominus}(298K)$、$\Delta_r S_m^{\ominus}(298K)$ 算法。

解： 根据公式 $\Delta_r G_m^{\ominus}(T) = \Delta_r H_m(T) - T\Delta_r S_m(T)$

$$\Delta_r G_m^{\ominus}(298K) = \Delta_r H_m^{\ominus}(298K) - T\Delta_r S_m^{\ominus}(298K)$$

而 $\quad \Delta_r H_m^{\ominus}(298K) = \Delta_f H_m^{\ominus}[O_2(g)] + 2\Delta_f H_m^{\ominus}[Hg(l)] - 2\Delta_f H_m^{\ominus}[HgO(s), 298K]$

$$= 0 - 2 \times (-90.83) = 181.66kJ/mol$$

$$\Delta_r S_m^{\ominus}(298K) = S_m^{\ominus}[O_2(g)] + 2S_m^{\ominus}[Hg(l)] - 2S_m^{\ominus}[HgO(s)]$$

$$= 205.138 + 2 \times 76.02 - 2 \times 70.29 = 216.60J/(mol \cdot K)$$

故 $\Delta_r G_m^{\ominus}(298K) = 181.66 - 298.15 \times 216.60 \times 10^{-3} = 117.02kJ/mol > 0$，正向反应不自发。

若使 $\Delta_r G_m^{\ominus}(T) = \Delta_r H_m^{\ominus}(T) - T\Delta_r S_m^{\ominus}(T) < 0$，则正向自发。

又因为 $\Delta_r H_m^{\ominus}$、$\Delta_r S_m^{\ominus}$ 随温度变化不大，即

$$\Delta_r G_m^{\ominus}(T) \approx \Delta_r H_m^{\ominus}(298K) - T\Delta_r S_m^{\ominus}(298K) < 0$$

则 $\quad\quad\quad T > \dfrac{181.66kJ/mol}{216.60 \times 10^{-3}kJ/(mol \cdot K)} = 838.7K$

因此，最低反应温度为 838.7K。

【例 1-7】 已知 298K 时，向 5.0L 真空容器中注入 1.00mol $H_2(g)$ 和 1.00mol $I_2(g)$，反应平衡时 $I_2(g)$ 的浓度是 0.020mol/L，试求 $H_2(g)+I_2(g) \rightleftharpoons 2HI(g)$ 的 $\Delta_r G_m^{\ominus}(298K)$，标准平衡常数 $K^{\ominus}$ 及各物质平衡组成。另外 398K 下，标准平衡常数 $K^{\ominus}$ 和 $\Delta_r G_m^{\ominus}(398K)$ 为多少？

▶ **考察要点**：熟练平衡常数 $K^{\ominus}$ 算法及范特霍夫方程 $\ln \dfrac{K_2^{\ominus}(T_2)}{K_1^{\ominus}(T_1)} = \dfrac{\Delta_r H_m^{\ominus}}{R} \times \dfrac{T_2 - T_1}{T_1 \times T_2}$。

解： （1）

	$H_2(g)$	+	$I_2(g)$	$\rightleftharpoons$	$2HI(g)$
开始 mol/L	0.20		0.20		0
变化 mol/L	-0.18		-0.18		0.36
平衡 mol/L	0.02		0.02		0.36

平衡时 $c(HI) = 0.36mol/L$，$c(H_2) = c(I_2) = 0.02mol/L$

$$K^{\ominus} = \frac{(c^{eq}(HI)RT/p^{\ominus})^2}{\dfrac{c^{eq}(H_2)RT}{p^{\ominus}} \times \dfrac{c^{eq}(I_2)RT}{p^{\ominus}}} = \frac{0.36^2}{0.02^2} = 324$$

$$\Delta_r G_m^{\ominus}(298K) = -RT\ln K^{\ominus}(298K) = -8.314 \times 298 \times \ln324 = -14.32kJ/mol$$

（2）根据参与反应各种物质的 $\Delta_f H_m^{\ominus}$

$$\Delta_r H_m^{\ominus}(298K) = 2\Delta_f H_m^{\ominus}[HI(g)] - \Delta_f H_m^{\ominus}[H_2(l)] - \Delta_f H_m^{\ominus}[I_2(g)]$$

$$= 2 \times 26.48 - 0 - 62.438 = -9.48kJ/mol$$

$$\ln\frac{K_2^{\ominus}(T_2)}{K_1^{\ominus}(T_1)} = \frac{\Delta_r H_m^{\ominus}}{R} \times \frac{T_2 - T_1}{T_1 \times T_2} = \frac{-9.48 \times 10^3}{8.314} \times \frac{398 - 298}{298 \times 398} = -0.961$$

$$K_2^{\ominus}(398K) = 124$$

此时 $\Delta_r G_m^{\ominus}(398K) = -RT\ln K^{\ominus}(398K) = -8.314 \times 398 \times \ln124 = -15.95kJ/mol$

【例1-8】　假设鸡蛋中蛋白的热变固化反应是一级反应，活化能为89kJ/mol。山脚下温度293.2K，煮熟一颗鸡蛋需要10min。登山运动员在2000m山上煮鸡蛋需要多少时间？山上水的沸点大约是365.2K。两个温度下，反应半衰期之比为多少？

▶ 考察要点：熟练阿仑尼乌斯公式 $\ln\dfrac{k_2}{k_1} = \dfrac{E_{a2}}{R} \times \dfrac{T_2 - T_1}{T_1 T_2}$。

解：（1）煮熟鸡蛋时间 t 与速率系数 k 成反比 $\dfrac{t_1}{t_2} = \dfrac{k_2}{k_1}$

则 $\ln\dfrac{k_2}{k_1} = \dfrac{E_a}{R}\left(\dfrac{T_2 - T_1}{T_1 T_2}\right) = \dfrac{8.9 \times 10^3}{8.314} \times \dfrac{365.2 - 373.2}{373.2 \times 365.2} = -0.63$，$\dfrac{t_1}{t_2} = \dfrac{k_2}{k_1} = 0.53$

所以 $t_2 = t_1/0.53 = 10/0.53 = 19min$

（2）半衰期 $t_{1/2} = \ln2/k = 0.693/k$

$$\frac{t_{1/2}(365.2)}{t_{1/2}(373.2)} = \frac{k(373.2)}{k(365.2)} = 1.9$$

【例1-9】　气相单分子反应：$AB \rightleftharpoons A+B$，在温度 T 时，等容反应实验数据如下：

t/s	0	20	50	80	100	120	150	180	200
$p_{总}$/kPa	50.65	54.70	60.27	65.87	67.87	70.91	74.45	77.49	79.52

已知反应开始前体系中只有 AB，求该温度下的反应速率系数 k 及 $t_{1/2}$。

▶ 考察要点：熟练一级反应特征和半衰期公式。

解：气相单分子反应表明此反应为一级反应。设 p_0、p 分别表示 AB 的初始压力与 t 时刻的压力。那么 t 时刻产物 A 或 B 的压力均为 p_0-p，此时体系的总压为 $p_总=p+2(p_0-p)$，因此可以求出 AB 在 t 时刻的压力为 $p=2p_0-p_总$。

t/s	0	20	50	80	100	120	150	180	200
p/kPa	50.65	46.60	41.03	35.43	33.43	30.39	26.85	23.81	21.78

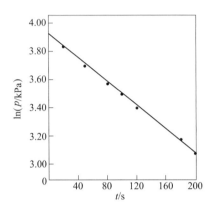

以 $\ln p$ 对时间 t 作图得一条直线。直线的斜率 $m = -4.20 \times 10^3\,s^{-1}$。按质量作用定律，该反应的速率方程为 $-\dfrac{dp}{dt} = kp$，动力学方程为 $\ln \dfrac{p}{p_0} = -kt$。因此反应速率系数及半衰期分别为

$$k = -m = 4.20 \times 10^3\,s^{-1}, \quad t_{\frac{1}{2}} = \frac{\ln 2}{k} = 165s。$$

四、第一章课后习题简明答案

1-2 （1）0.3mol；（2）0.6mol。

1-3 （1）错；（2）错；（3）错；（4）对。

1-4 2.86kg。

1-5 $p_{He} = 190.4kPa$；$p_{Ne} = 111.5kPa$；$p_{Ar} = 36.5kPa$；$p_{总} = 338.4kPa$。

1-6 C_2H_4。

1-7 $p_{CO_2} = 28.7kPa$；$p_{N_2} = 37.9kPa$；$x_{O_2} = 0.286$。

1-8 $p_{H_2} = 95.4kPa$；$m_{H_2} = 0.19g$。

1-9 （1）对；（2）错；（3）错；（4）错；（5）对；（6）对；（7）对。

1-10 （1）$W = -110J$；（2）$Q = 10J$。

1-11 $Q_{V,m} = 175.5kJ/mol$。

1-12 $-157.3kJ/mol$。

1-13 $-203.0kJ/mol$。

1-14 （1）19.4kJ/mol；（2）$-1169.54kJ/mol$。

1-15 （1）$\Delta_c H_m^{\ominus}(C_2H_2) = -1299.58kJ/mol$；$\Delta_c H_m^{\ominus}(C_2H_4) = -1410.94kJ/mol$；

    （2）$\Delta_c H_m^{\ominus}(C_2H_2) = -49.91kJ/g$；$\Delta_c H_m^{\ominus}(C_2H_4) = -50.30kJ/g$。

1-16 （1）12.9kJ/mol；（2）$-136.03kJ/mol$。

1-17 （2）>（3）>（1）。

1-18　（1）$\Delta_r S_m^\ominus = 307.6\,\mathrm{J/(mol \cdot K)}$；$\Delta_r G_m^\ominus = -66.9\,\mathrm{kJ/mol}$；

　　　（2）$\Delta_r S_m^\ominus = -23.0\,\mathrm{J/(mol \cdot K)}$；$\Delta_r G_m^\ominus = -147.1\,\mathrm{kJ/mol}$；

　　　（3）$\Delta_r S_m^\ominus = -184.4\,\mathrm{J/(mol \cdot K)}$；$\Delta_r G_m^\ominus = -26.84\,\mathrm{kJ/mol}$。

1-19　（1）$\Delta_r G_m^\ominus = -6.84\,\mathrm{kJ/mol}$，正向自发；（2）最高温度 314.3K。

1-20　（1）$\Delta_r G_m^\ominus = 30\,\mathrm{kJ/mol}$，不分解；（2）400K。

1-21　$\Delta_r G_m^\ominus (500K) = 6.77\,\mathrm{kJ/mol}$，升温不利。

1-22　$\Delta_r G_m^\ominus = 503.06\,\mathrm{kJ/mol}$，最低温度 1469.6K。

1-23　（1）$K^\ominus = \dfrac{p_{CO_2}/p^\ominus}{(p_{CH_4}/p^\ominus)\,(p_{O_2}/p^\ominus)^2}$；

　　　（2）$K^\ominus = (c_{Pb^{2+}}/c^\ominus)\,(c_{I^-}/c^\ominus)^2 = c_{Pb^{2+}}c_{I^-}^2$（相对浓度）；

　　　（3）$K^\ominus = (p_{CO}/p^\ominus)^2$；

　　　（4）$K^\ominus = c_{H^+}c_{Cl^-}c_{HClO}/(p_{Cl_2}/p^\ominus)$；

　　　（5）$K^\ominus = c_{Zn^{2+}}(p_{H_2S}/p^\ominus)/c_{H^+}^2$；

　　　（6）$K^\ominus = c_{HCN}c_{OH^-}/c_{CN^-}$。

1-24　（1）$1.2 \times 10^{-2}\,\mathrm{kPa}$；（2）465K。

1-25　（1）吸热，$1.80\times10^2\,\mathrm{kJ/mol}$；（2）$5.4\,\mathrm{kJ/mol}$；（3）$1.9\times10^2\,\mathrm{J/(mol \cdot K)}$。

1-26　（1）6×10^{11}；（2）1×10^8；（3）略。

1-27　（1）

条件	$k_正$	$k_逆$	$r_正$	$r_逆$	$K^\ominus$	平衡移动方向
增加总压力	不变	不变	增加	增加	不变	向左
升高温度	增加	增加	增加	增加	增加	向右
加催化剂	增加	增加	增加	增加	不变	不变

　　　（2）不。

1-28　Ⅰ：向左；Ⅱ：向右；Ⅲ：向右。

1-29　（1）7.0；

　　　（2）$c_{Cl_2} = 2.5\times10^{-4}\,\mathrm{mol/dm^3}$；$c(Br_2) = 1.25\times10^{-2}\,\mathrm{mol/dm^3}$；

　　　　　$c_{BrCl} = 1.5\times10^{-2}\,\mathrm{mol/dm^3}$。

1-30　$-3.17\times10^2\,\mathrm{kJ/mol}$。

1-31　$K_2^\ominus = 0.074$；$p_{CO}^{eq} = 27\,\mathrm{kPa}$。

1-32　（1）78.3%，1.6；（2）37%；（3）$1.6\times10^4\,\mathrm{kPa}$。

1-33　7.5×10^4；$-27.2\,\mathrm{kJ/mol}$。

1-34　0.77mol。

1-35　$-15\,\mathrm{J/(mol \cdot K)}$。

1-36　$1.9\times10^4\,\mathrm{kPa}$。

1-37   4.53。

1-39   (1) $r=k\{c(NO)\}^2 \cdot \{c(Cl_2)\}$；(2) 3；(3) 1/8；(4) 4。

1-40 $r'/r_0 = 1/8$。

1-41   160.9s。

1-42   86.14kJ/mol；4.01×10^{11} s^{-1}。

1-43 $k'/k = 4457.8$。

1-44   1235K。

五、第一章自测题一及参考答案

(一) 第一章自测题一

1. 是非题（用"√""×"表示对、错填入括号中，每小题 1 分，共 10 分）

(1) 反应级数取决于化学反应方程式中反应物的化学计量数。   （ ）

(2) 只从 $\Delta_r S$、$\Delta_r H$ 和 $\Delta_r G$ 三个热力学函数数值的大小，不能预言化学反应速率的大小。   （ ）

(3) 混合物一定是多相系统，纯物质一定是单相系统。   （ ）

(4) 凡是 $\Delta_r G_m^{\ominus} > 0$ 的过程都不能自发进行。   （ ）

(5) 温度对 $\Delta_r H$ 和 $\Delta_r S$ 的影响较小，因此温度对 $\Delta_r G$ 也影响较小。   （ ）

(6) 如果某反应 500K 温度时的标准平衡常数值大于它在 600K 时的标准平衡常数值，则此反应的 $\Delta_r H_m^{\ominus} < 0$。   （ ）

(7) 根据熵增加原理，凡 $\Delta_r S < 0$ 的反应均不能自发进行。   （ ）

(8) 利用弹式量热计可以较精确地测得等压反应热。   （ ）

(9) 因 $Q_p = \Delta_r H$，所以只有恒压反应才有焓变。   （ ）

(10) 当 $\Delta_r H > 0$、$\Delta_r S < 0$ 时，反应在任何温度下都不能自发进行。   （ ）

2. 选择题（每小题 2 分，共 20 分）

(1) 在下列反应中，$Q_p \approx Q_V$ 的反应为   （ ）

    A. $CaCO_3(s) \rightarrow CaO(s) + CO_2(g)$ B. $N_2(g) + 3H_2(g) \rightarrow 2NH_3(g)$

    C. $C(s) + O_2(g) \rightarrow CO_2(g)$ D. $2H_2(g) + O_2(g) \rightarrow 2H_2O(l)$

(2) 为了减少汽车尾气中 NO 和 CO 污染大气，拟按下列反应进行催化转化：$NO(g) + CO(g) = \frac{1}{2}N_2(g) + CO_2(g)$，$\Delta_r H_m^{\ominus}(298.15K) = -374kJ/mol$。为提高转化率，应采取的措施是   （ ）

    A. 低温高压   B. 高温高压   C. 低温低压   D. 高温低压

(3) 由下列数据确定 $CH_4(g)$ 的 $\Delta_f H_m^{\ominus}$ 为   （ ）

    1) $C(石墨) + O_2(g) = CO_2(g)$ $\Delta_r H_{m1}^{\ominus} = -393.5kJ/mol$

    2) $H_2(g) + \frac{1}{2}O_2(g) = H_2O(l)$ $\Delta_r H_{m2}^{\ominus} = -285.8kJ/mol$

3）$CH_4(g)+2O_2(g)=CO_2(g)+2H_2O(l)$　　$\Delta_rH^{\ominus}_{m3}=-890.3kJ/mol$

　　A．211kJ/mol　　　　B．-74.8kJ/mol　　　C．890.3kJ/mol　　　D．缺条件，无法算

（4）已知 AgCl(s) 在 298.15K 时的标准生成摩尔吉布斯函数为-109.80kJ/mol，则反应 $2AgCl(s)=2Ag(s)+Cl_2(g)$ 的 $\Delta_rG^{\ominus}_m(298.15K)$ 为　　　　　　　　　　（　　）

　　A．-109.80kJ/mol　　　　　　　　　　B．109.80kJ/mol

　　C．219.60kJ/mol　　　　　　　　　　D．-219.60kJ/mol

（5）某系统由 A 态沿途径 Ⅰ 到 B 态放热 100J，同时得到 50J 的功；当系统由 A 态沿途径 Ⅱ 到 B 态做功 80J 时，Q 为　　　　　　　　　　　　　　　　　　（　　）

　　A．70J　　　　　　　　B．30J　　　　　　　C．-30J　　　　　　D．-70J

（6）在密闭容器中的反应 $3H_2(g)+N_2(g)=2NH_3(g)$ 达到平衡。在相同温度下，若令系统体积缩小 1/2，则此时的反应商是标准平衡常数 $K^{\ominus}$ 的　　　　　　　　　（　　）

　　A．1/4　　　　　　　　B．2 倍　　　　　　C．16 倍　　　　　　D．相等

（7）下列物质的 $\Delta_fH^{\ominus}_m$ 为 0 的是　　　　　　　　　　　　　　　　　　（　　）

　　A．$Br_2(g)$　　　　　　B．$N_2(g)$　　　　　C．$CO(g)$　　　　　D．C（金刚石，s）

（8）下列反应中 Δ_rS_m 值最大的是　　　　　　　　　　　　　　　　　　　（　　）

　　A．$PCl_5(g) \rightarrow PCl_3(g)+Cl_2(g)$　　　　　　B．$2SO_2(g)+O_2(g) \rightarrow 2SO_3(g)$

　　C．$3H_2(g)+N_2(g) \rightarrow 2NH_3(g)$　　　　　　D．$C_2H_6(g)+3.5O_2(g) \rightarrow 2CO_2(g)+3H_2O(l)$

（9）在恒压等温仅做体积功的条件下，达到平衡时体系的自由能　　　　　　　（　　）

　　A．最大　　　　　　　　B．最小　　　　　　C．为零　　　　　　D．小于零

（10）条件相同的同一反应可有两种不同写法，如

　　1）$2H_2(g)+O_2(g) \rightarrow 2H_2O(l)$　　　　　ΔG_1

　　2）$H_2(g)+1/2O_2(g) \rightarrow H_2O(l)$　　　　　ΔG_2

那么，下列情况中 ΔG_1 和 ΔG_2 的正确关系是　　　　　　　　　　　　　（　　）

　　A．$\Delta G_1=\Delta G_2$　　　　B．$\Delta G_1=\Delta G_2^2$　　　C．$\Delta G_1=\dfrac{1}{2}\Delta G_2$　　　D．$\Delta G_1=2\Delta G_2$

3. 填空题（共 25 分）

（1）（本小题 3 分）　从活化能和活化分子的概念，简要说明下列因素能增加化学反应速率的原因：

　　1）增加反应物浓度，是由于增加了_____；

　　2）升高温度时，是由于增加了_____；

　　3）加入催化剂，是由于_____。

（2）（本小题 2 分）　已知 $H_2O(l)$ 的标准生成热 $\Delta_fH^{\ominus}_m=-286kJ/mol$，则反应 $H_2O(l) \rightarrow H_2(g)+O_2(g)$，在标准状态下的反应热为_____，氢气的标准摩尔燃烧热为_____。

（3）（本小题 4 分）　已知在一定温度范围内，下列反应为（基）元反应

$$2NO(g) + Cl_2(g) \longrightarrow 2NOCl(g)$$

　　1) 该反应的速率方程为 $r=$ ＿＿＿＿＿＿＿＿＿＿＿＿＿；

　　2) 该反应的总级数为＿＿＿＿＿级；

　　3) 其他条件不变，如果将容器的体积扩大到原来的 2 倍，则反应速率是原来的＿＿＿＿倍。

　　(4) (本小题 2 分)　将下列物质按 $S_m^{\ominus}$ (298.15K) 减小的顺序排列：Ag(s)，AgCl(s)，Cu(s)，C_6H_6(l)，C_6H_6(g)，为 ＿＿＿＿＿> ＿＿＿＿＿> ＿＿＿＿＿> ＿＿＿＿＿> ＿＿＿＿＿。

　　(5) (本小题 3 分)　如果有一容积为 $200m^3$ 的大型氢气气柜，其中氢气压力始终是 120kPa。则在冬天最低温度 (设为 $-38℃$) 比在夏季最高温度 (设为 $42℃$) 时可多容纳 ＿＿＿＿＿ kg H_2。(H_2 的相对分子质量为 2.00)

　　(6) (本小题 3 分)　273.15K 时，将 32g 氧气与 56g 氮气同盛于 $22.4dm^3$ 的容器中，则 $p(O_2)=$ ＿＿＿＿＿ Pa，$p(N_2)=$ ＿＿＿＿＿ Pa，p(总)= ＿＿＿＿＿ Pa。(相对分子质量：O_2 为 32，N_2 为 28)

　　(7) (本小题 2 分)　已知反应 $CaCO_3(s)=CaO(s)+CO_2(g)$ 的 $\Delta_rH_m^{\ominus}$(298.15K)= 178kJ/mol，$\Delta_rS_m^{\ominus}$(298.15K)= 161J/(mol·K)。则该反应的 $\Delta_rG_m^{\ominus}$(298.15K) 的值是＿＿＿＿＿＿＿＿＿＿。

　　(8) (本小题 3 分)　某给定反应在 300K 和 400K 时，其反应速率常数分别为 0.012dm³/(mol·s) 和 1.2dm³/(mol·s)，则该反应的活化能为＿＿＿＿＿＿＿＿＿。

　　(9) (本小题 3 分)　反应 $\frac{1}{2}H_2(g)+\frac{1}{2}Cl_2(g)=HCl(g)$，在 298K 时，$K_1^{\ominus}=4.86\times10^{16}$，$\Delta_rH_m^{\ominus}=-92.3kJ/mol$。$\Delta_rH_m^{\ominus}$ 设不随温度而变，则可计算出此反应在 500K 时的 $K_1^{\ominus}=$ ＿＿＿＿＿＿＿＿。

4. 计算题 (共 45 分)

　　(1) (本小题 5 分)　已知下列热化学方程式：

　　1) $C_6H_6(l)+7\frac{1}{2}O_2(g)\rightarrow6CO_2(g)+3H_2O(l)$　　　　　　$\Delta_rH_{m,1}^{\ominus}=-3267.6kJ/mol$

　　2) $C(石墨)+O_2(g)\rightarrow CO_2(g)$　　　　　　　　　　　　$\Delta_rH_{m,2}^{\ominus}=-393.5kJ/mol$

　　3) $H_2(g)+\frac{1}{2}O_2(g)\rightarrow H_2O(l)$　　　　　　　　　　　$\Delta_rH_{m,3}^{\ominus}=-285.8kJ/mol$

计算反应：$6C(石墨)+3H_2(g)\rightarrow C_6H_6(l)$ 的 $\Delta_rH_m^{\ominus}$。

　　(2) (本小题 8 分)　已知：在 25℃、101.325kPa 下，1mol 石墨发生水煤气反应，即：$C(s)+H_2O(g)=CO(g)+H_2(g)$，吸收 131.3kJ/mol 热量，计算该反应的 ΔH 和 ΔU。

　　(3) (本小题 12 分)　由硅石 (SiO_2) 和焦炭为原料，在标准状态下和 298K 时，能否制备 SiC? $SiO_2(s)+3C(s)\rightarrow SiC(s)+2CO(g)$。若不能，则在什么温度下可以制备？已知：SiC(s)：$\Delta_fH_m^{\ominus}=-62.8kJ/mol$，$\Delta_fG_m^{\ominus}=-60.2kJ/mol$，$S_m^{\ominus}=16.49J/(mol·K)$。

　　(4) (本小题 8 分)　在 25℃ 时，反应 $2SO_2(g)+O_2(g)=2SO_3(g)$ 向什么方向进行？已知：$p(SO_3)=1\times10^5Pa$，$p(SO_2)=0.25\times10^5Pa$，$p(O_2)=0.25\times10^5Pa$。

（5）（本小题 12 分）

设汽车内燃机中的温度因汽油燃烧达到 1573K。试利用下表热力学数据计算该温度时，反应 $\frac{1}{2}N_2(g)+\frac{1}{2}O_2(g)=NO(g)$ 的 $\Delta_r G_m^\ominus$ 和 $K^\ominus$ 的数值。

项目	$N_2(g)$	$O_2(g)$	$NO(g)$
$\Delta_f G_m^\ominus(298.15K)/kJ\cdot mol^{-1}$	0	0	86.57
$\Delta_f H_m^\ominus(298.15K)/kJ\cdot mol^{-1}$	0	0	90.25
$S_m^\ominus(298.15K)/J\cdot(mol\cdot K)^{-1}$	191.50	205.03	210.65

（二）第一章自测题一参考答案

1. 是非题（每小题 1 分，共 10 分）

（1）×；（2）√；（3）×；（4）×；（5）×；（6）√；（7）×；（8）×；（9）×；

（10）√。

2. 选择题（每小题 2 分，共 20 分）

（1）C；（2）A；（3）B；（4）C；（5）B；（6）A；（7）B；（8）A；（9）B；

（10）D。

3. 填空题（共 25 分）

（1）1）单位体积内的活化分子数；2）单位体积内的活化分子百分率；3）改变了反应历程，从而降低了反应的活化能。　　　　　　　　　　　　　　　　1 分/空

（2）286kJ/mol；－286kJ/mol。　　　　　　　　　　　　　　　　　　　1 分/空

（3）1）$k\{c(NO)\}^2\cdot c(Cl_2)$；　　2）三；　　　3）1/8。　　　1 分/1 分/2 分

（4）$C_6H_6(g)>C_6H_6(l)>AgCl(s)>Ag(s)>Cu(s)$。　　　　　　　　　　2 分

（5）6.24。　　　　　　　　　　　　　　　　　　　　　　　　　　　　3 分

（6）$p(O_2)=1.01325\times10^5\,Pa$；　　　　　　　　　　　　　　　　1 分；

　　$p(N_2)=2\times1.01325\times10^5\,Pa$；　　　　　　　　　　　　　　1 分；

　　$p(总)=3\times1.01325\times10^5\,Pa$。　　　　　　　　　　　　　　　1 分。

（7）130kJ/mol。　　　　　　　　　　　　　　　　　　　　　　　　　2 分

（8）46kJ/mol。　　　　　　　　　　　　　　　　　　　　　　　　　3 分

（9）1.41×10^{10}。　　　　　　　　　　　　　　　　　　　　　　3 分

4. 计算题（共 45 分）

（1）（本小题 5 分）　$\Delta_r H_m^\ominus=6\Delta_r H_{m,2}^\ominus+3\Delta_r H_{m,3}^\ominus-\Delta_r H_{m,1}^\ominus$　　3 分

　　　　　　　　　　　　$=49.2kJ/mol$　　　　　　　　　　　　　　2 分

（2）（本小题 8 分）　$\Delta H=Q_p=131.3kJ/mol$　　　　　　　　　2 分

　　　　　　　　　　$\Delta U=\Delta H-\Delta n_g RT$　　　　　　　　　2 分

　　　　　　　　　　　$=131.3-(2-1)\times8.314\times10^{-3}\times298$

　　　　　　　　　　　$=128.8kJ/mol$　　　　　　　　　　　　　　4 分

（3）（本小题 12 分）

解：查《普通化学简明教程》（第二版）附录的附表 4 计算得：

$\Delta_r H_m^{\ominus}(298.15K) = 573.1 \text{kJ/mol} > 0$ 2 分

$\Delta_r S_m^{\ominus}(298.15K) = 364.9 \text{J/(mol·K)} = 0.3649 \text{kJ/(mol·K)}$ 2 分

$\Delta_r G_m^{\ominus} = \Delta_r H_m^{\ominus} - T\Delta_r S_m^{\ominus}$ 2 分

$= 573.1 - 298 \times 0.3649 = 464.4 \text{kJ/mol} > 0$ 2 分

所以 298K 时非自发   1 分

转变温度：$T_c \approx \dfrac{\Delta_r H_m^{\ominus}(298.15K)}{\Delta_r S_m^{\ominus}(298.15K)} = \dfrac{573.1}{0.3649} = 1571K$ 2 分

因为 $\Delta_r S_m^{\ominus}>0$，$\Delta_r H_m^{\ominus}>0$，所以 $T \geq 1571K$，反应自发。   1 分

（4）（本小题 8 分） $2SO_2(g) + O_2(g) = 2SO_3(g)$

$\Delta_f G_m^{\ominus}(B, 298.15K)(\text{kJ/mol})$ -300.194 0 -371.06

$\Delta_r G_m^{\ominus}(298.15K) = \sum_B \nu_B \Delta_f G_m^{\ominus}(B, 298.15K) = 2 \times (-371.06) - 2 \times (-300.194) \text{kJ/mol}$

$= -141.73 \text{kJ/mol}$ 2 分

$\Delta_r G_m(T) = \Delta_r G_m^{\ominus}(T) + RT\ln \prod_B (p_B/p^{\ominus})^{\nu_B}$ 2 分

$= (-141.73 + 8.314 \times 10^{-3} \times 298.15 \times \ln 64) \text{kJ/mol} = -131.42 \text{kJ/mol}$ 2 分

$\Delta_r G_m^{\ominus}<0$，所以反应向正方向自发进行。   2 分

（5）（本小题 12 分）

$\Delta_r H_m^{\ominus}(298.15K) = \sum \nu \Delta_f H_m^{\ominus}(298.15K) = 90.25 \text{kJ/mol}$ 2 分

$\Delta_r S_m^{\ominus}(298.15K) = \sum \nu S_m^{\ominus}(298.15K) = 12.38 \text{J/(mol·K)}$ 2 分

$\Delta_r G_m^{\ominus}(1573K) = \Delta_r H_m^{\ominus}(298.15K) - T\Delta_r S_m^{\ominus}(298.15K) = 70.78 \text{kJ/mol}$ 3 分

$\ln K^{\ominus} = -\Delta_r G_m^{\ominus}(1573K)/(RT) = -5.412$ 3 分

$K^{\ominus} = 4.46 \times 10^{-3}$ 2 分

六、第一章自测题二及参考答案

（一）第一章自测题二

1. 是非题（用"√""×"表示对、错填入括号中，每小题 1 分，共 10 分）

（1）任何状态函数都具有加和性。 （ ）

（2）对于大多数反应，温度升高能引起反应速率增大，而且反应活化能 E_a 越大的反应，速率增加得越显著。 （ ）

（3）恒温定压条件下进行的一个化学反应，$\Delta H = \Delta U + p\Delta V$，所以 ΔH 一定大于 ΔU。 （ ）

（4）将 50℃ 的一定量的水，置于密闭容器中，会自动冷却到室温（如 20℃）。此时密闭容器内水的熵值变小，即 $\Delta S<0$。这说明在密闭容器中的自发过程，系统本身不一定要

熵增加。 （　　）

（5）一个反应如果是放热反应，当温度升高时，表示补充了能量，因而有助于提高该反应进行的程度。 （　　）

（6）当反应物和生成物都是标准状态时，反应 C（石墨）+O$_2$（g）＝CO$_2$（g）的恒压反应热即是 CO$_2$（g）标准摩尔生成焓。 （　　）

（7）若正反应的活化能小于逆反应的活化能，则该正反应一定是放热反应。 （　　）

（8）凡是反应级数为分数的反应都是复杂反应，反应级数为 1、2 和 3 的反应都是基元反应。 （　　）

（9）对于反应速率常数 k 与温度 T 的关系，符合阿仑尼乌斯公式的化学反应，其 $\ln k/[k]$ 与 K/T 间必定有如下图所示关系（其中 $[k]$ 表示 k 的单位，K 是 T 的单位）。 （　　）

（10）恒温、恒压条件下，密闭系统中，$\Delta_r S_m > 0$ 的反应可能自发，也可能非自发。 （　　）

2. 选择题（每小题 2 分，共 20 分）

（1）化学反应达到平衡时，下列说法中正确的是 （　　）

  A. 正、逆反应的速率常数相等   B. $\Delta_r G_m^{\ominus} = 0$

  C. 各物质浓度或分压不随时间改变而变化

  D. 各反应物和生成物的浓度或分压力相等

（2）温度一般能使反应速率提高，这是由于温度升高能 （　　）

  A. 使反应的活化能降低   B. 使平衡向正方向移动

  C. 使反应速率常数增大   D. 使阿仑尼乌斯公式中的指前因子增大

（3）放热反应，温度增高 10℃，将会 （　　）

  A. 不改变反应速率   B. 平衡常数增加 2~4 倍

  C. 平衡常数减小   D. 平衡常数不变

（4）反应 C（石墨）+CO$_2$（g）$\rightleftharpoons$ 2CO（g）的 $\Delta_r H_m^{\ominus} > 0$，如希望此反应的平衡有利于正反应方向，则可以 （　　）

  A. 升高温度   B. 增加石墨量

  C. 增大总压力   D. 加入催化剂

（5）下列情况中能引起化学反应速率常数改变的是 （　　）

  A. 压力的改变   B. 温度的改变

  C. 反应容器体积的改变   D. 反应物浓度的改变

（6）298K 下，1mol $C_6H_6(l)$ 在弹式量热计中完全燃烧，测得放出的热量为 3264kJ，则其燃烧反应 $C_6H_6(l)+\frac{15}{2}O_2(g)=6CO_2(g)+3H_2O(l)$ 的等压反应热 Q_p 为 （   ）

    A. −3260kJ/mol   B. −3264kJ/mol

    C. −3268kJ/mol   D. 3268kJ/mol

（7）关于反应速率常数的单位，下列说法正确的是（当浓度以 mol/dm^3、时间以 s 为单位时） （   ）

    A. 单位为 s^{-1} B. 单位为 $mol/(dm^3 \cdot s)$

    C. 单位为 $mol^2/(dm^3 \cdot s)$ D. 单位随反应级数而定

（8）下列各系统中，具有最大摩尔熵值的是 （   ）

    A. 20K 时的冰   B. 273.15K 时的冰

    C. 373.15K 时的水蒸气   D. 400K 时的水蒸气

（9）下列各项中，属于状态函数的是 （   ）

    A. 焓变   B. 等压反应热

    C. 功   D. 压力

（10）对于一般的（非零级）化学反应，随着反应的进行，下述描述中正确的是 （   ）

    A. 反应物逐渐减少，直至其浓度为零   B. 反应速率常数逐渐变小

    C. 标准平衡常数逐渐变大   D. 正反应速率逐渐变小

3. 填空题（本大题共 10 小题，总计 30 分）

（1）（本小题 3 分）　按照系统与环境之间物质和能量交换情况的不同，系统可分为
_____，_____，_____。

（2）（本小题 2 分）　设化学反应：$2A_2(g)+B_2(g) \rightarrow 2A_2B(g)$，即为（基）元反应。当物质 A_2 的浓度减为原来的 1/4 时，物质 B_2 的浓度应是原来的_____倍，才能不改变正反应的速率。

（3）（本小题 4 分）　当 1.5g 火箭燃料二甲基肼 $[(CH_3)_2N_2H_2$ 的相对分子质量为 60] 在装有 5kg 水的弹式量热计中完全燃烧，温度升高 $\Delta T=2.08K$。若已知量热计的热容 $c=1840J/K$，水的比热容 $c(H_2O)=4.184J/(g \cdot K)$，则可计算出此火箭燃料完全燃烧的反应热效应 $\Delta_r H_m=$ _____ kJ/mol。[燃烧反应：$(CH_3)_2N_2H_2(l)+4O_2(g)=2CO_2(g)+N_2(g)+4H_2O(l)$]

（4）（本小题 3 分）　反应 $CH_4(g)+2O_2(g)=CO_2(g)+2H_2O(l)$。若 1mol $CH_4(g)$ 在 298.15K 和标准条件下，做最大有用功 800kJ。试写出该条件下此反应标准平衡常数值的数学计算式（即写出 $K^{\ominus}$ 的计算式，并代入有关数据，而不必计算出结果）_____
_____。

（5）（本小题 4 分）　某一天蓝色的氧气钢瓶，容积为 $20dm^3$，最高允许压力为 $1.5 \times 10^7 Pa$，如果其中含有 1.6kg 的氧气（O_2 的相对分子质量为 32），则它可承受的最高温度是
_____ K。

（6）（本小题 2 分） 在某温度下，将 0.30mol O_2、0.10mol N_2 及 0.10mol Ar 装入真空容器中，气体总压力为 2.0×10^5 Pa，则此时 N_2 的分压力为_____Pa。

（7）（本小题 4 分） 反应 $2N_2O_5(g) \rightarrow 2N_2O_4(g) + O_2(g)$。293K 时的速率常数 $k_1 = 2.35 \times 10^{-4} s^{-1}$，303K 时速率常数 $k = 9.15 \times 10^{-4} s^{-1}$。则此反应的活化能为_____。

（8）（本小题 3 分） 已知 973K 时

$$MgCl_2(s) + \frac{1}{2}O_2(g) \rightleftharpoons MgO(s) + Cl_2(g)，K_1^\ominus = 2.95；$$

$$MgCl_2(s) + H_2O(g) \rightleftharpoons MgO(s) + 2HCl(g)，K_2^\ominus = 8.40。$$

则该温度时，反应 $Cl_2(g) + H_2O(g) \rightleftharpoons 2HCl(g) + \frac{1}{2}O_2(g)$ 的 $K_3^\ominus =$ _____。

（9）（本小题 3 分） 反应 $N_2(g) + 3H_2(g) = 2NH_3(g)$ 的标准平衡常数 25℃ 时为 4.6×10^5，427℃ 时为 2.5×10^{-4}，则此温度范围内该反应的 $\Delta_r H_m^\ominus$ 为_____ kJ/mol。

（10）（本小题 2 分） 已知 298K 时金刚石的标准生成热 $\Delta_f H_m^\ominus = 1.9$ kJ/mol，则反应：石墨→金刚石的 $\Delta_r H_m^\ominus =$ _____。

4. 计算题 （本大题共 6 小题，总计 40 分）

（1）（本小题 5 分） 利用下列反应的 $\Delta_r G_m^\ominus$（298.15K） 值，计算 $Fe_3O_4(s)$ 在 298.15K 时的标准摩尔生成吉布斯函数。

$$2Fe(s) + \frac{3}{2}O_2(g) = Fe_2O_3(s)，\Delta_r G_m^\ominus(298.15K) = -742.2 \text{kJ/mol} \qquad ①$$

$$4Fe_2O_3(s) + Fe(s) = 3Fe_3O_4(s)，\Delta_r G_m^\ominus(298.15K) = -77.7 \text{kJ/mol} \qquad ②$$

（2）（本小题 5 分） 利用下表数据，通过计算说明反应 $N_2(g) + O_2(g) = 2NO(g)$ 于标准条件下在何温度时能正向自发进行。

项目	$N_2(g)$	$O_2(g)$	$NO(g)$
$\Delta_f G_m^\ominus$（298.15K）/kJ · mol^{-1}	0	0	86.57
$\Delta_f H_m^\ominus$（298.15K）/kJ · mol^{-1}	0	0	90.25
$S_m^\ominus$（298.15K）/J · (mol · K)$^{-1}$	191.50	205.03	210.65

（3）（本小题 5 分） 高纯锡在 600K 下熔铸时会发生反应：$Sn(l) + O_2(g) = SnO_2(s)$，此反应的 $\Delta_r G_m^\ominus$（600K）$= -519.7$ kJ/mol。工业用氩气中通常含有少量氧气，并设 O_2 分压为 0.10Pa。请计算说明这种氩气能否用作熔铸锡时的保护气体，以防止 SnO_2 的生成。

（4）（本小题 7 分） 在 10.0L 密闭容器中有 1.0mol FeO、0.50mol CO 和 0.10mol CO_2。于 1273K 时发生反应：$FeO(s) + CO(g) \rightleftharpoons Fe(s) + CO_2(g)$，$K^\ominus = 0.50$。通过计算判断反应进行的方向以及平衡时 FeO 的转化率。

（5）（本小题 8 分） 298K 时，将 2.000mol NO_2 加到一个 2.00L 容器中，发生下述反应：$2NO_2(g) \rightleftharpoons N_2O_4(g)$，达到平衡时，$p(N_2O_4) = 1186.0$ kPa。试计算：1）该反应的标准平衡常数 $K^\ominus$；2）平衡时系统的总压力。

(6)（本小题 10 分）

已知反应 $2NO_2(g) = N_2O_4(g)$ 及下表中的热力学数据，试计算该反应在 298.15K 和 1000K 时标准平衡常数 $K^{\ominus}$。

项目	$NO_2(g)$	$N_2O_4(g)$
$\Delta_f H_m^{\ominus}(298.15K)/kJ \cdot mol^{-1}$	33.8	9.7
$\Delta_f G_m^{\ominus}(298.15K)/kJ \cdot mol^{-1}$	51.8	98.3

（二）第一章自测题二参考答案

1. 是非题（每小题 1 分，共 10 分）

(1) ×；(2) √；(3) ×；(4) √；(5) ×；(6) √；(7) √；(8) ×；
(9) √；(10) √。

2. 选择题（每小题 2 分，共 20 分）

(1) C；(2) C；(3) C；(4) A；(5) B；(6) C；(7) D；(8) D；(9) D；
(10) D。

3. 填空题（本大题共 10 小题，总计 30 分）

(1)（本小题 3 分）	敞开系统；封闭系统；隔离系统	各 1 分
(2)（本小题 2 分）	16	2 分
(3)（本小题 4 分）	-1.89×10^3	4 分

(4)（本小题 3 分）　　　$K^{\ominus} = \exp \dfrac{-\Delta_r G_m^{\ominus}}{RT} = \exp \dfrac{800 \times 10^3}{8.314 \times 298.15}$　　　3 分

（也可表示为 $K^{\ominus} = e^{\frac{800 \times 10^3}{8.314 \times 298.15}}$）

(5)（本小题 4 分）	722	4 分
(6)（本小题 2 分）	4.0×10^4	2 分
(7)（本小题 4 分）	100kJ/mol	4 分
(8)（本小题 3 分）	2.85	3 分
(9)（本小题 3 分）	−92	3 分
(10)（本小题 2 分）	1.9kJ/mol	2 分

4. 计算题（本大题共 6 小题，总计 40 分）

(1)（本小题 5 分）

$3Fe(s) + 2O_2(g) = Fe_3O_4(s)$ 的 $\Delta_r G_m^{\ominus}(298.15K) = \Delta_f G_m^{\ominus}(Fe_3O_4, s, 298.15K)$，而此式可由 ［式①×4+式②］×(1/3) 得到。　　　　　　　　　　3 分

故：$\Delta_f G_m^{\ominus}(Fe_3O_4, s, 298.15K) = [(-742.2) \times 4 + (-77.7)] \times (1/3)$ kJ/mol = -1015.5kJ/mol　　　　　　　　　　2 分

(2)（本小题 5 分）

$\Delta_r H_m^{\ominus}(298.15K) = \sum \nu \Delta_f H_m^{\ominus}(298.15K) = 180.50$kJ/mol　　　　　1 分

$\Delta_r S_m^{\ominus}(298.15K) = \sum \nu S_m^{\ominus}(298.15K) = 24.77 J/(mol \cdot K)$　　　　1分

属"正正"型，低温非自发，高温自发的反应。自发进行的温度为

$T > \Delta_r H_m^{\ominus}(298.15K)/\Delta_r S_m^{\ominus}(298.15K) = 7287K$　　　　3分

（3）（本小题5分）

反应商　$J = 1/[p(O_2)/p^{\ominus}] = 1/[0.10Pa/10^5 Pa] = 1.0 \times 10^6$　　　　1分

$$\begin{aligned}\Delta_r G_m^{\ominus}(600K) &= \Delta_r G_m^{\ominus}(600K) + RT\ln J \\ &= -519.7 kJ/mol + (8.314/1000)kJ/(mol \cdot K) \times 600K \times \ln 1.0 \times 10^6 \\ &= -451 kJ/mol < 0 \end{aligned}$$　　　　3分

所以在此条件下熔铸锡时，锡的氧化反应自发进行趋势仍很大，故不能用一般工业用氩气作保护气体。　　　　1分

（4）（本小题7分）

$$\begin{array}{ccccccc} FeO(s) & + & CO(g) & \rightleftharpoons & Fe(s) & + & CO_2(g) \end{array}$$

开始 n/mol：　　　　　　0.50　　　　　　　　　　　　　0.10

平衡 n/mol：　　　　　　0.50$-x$　　　　　　　　　　　0.10$+x$

$J = \dfrac{\dfrac{n(CO_2)RT}{Vp^{\ominus}}}{\dfrac{n(CO)RT}{Vp^{\ominus}}} = \dfrac{0.10}{0.50} = 0.20$，因为 $J < K^{\ominus}$，所以反应向正向进行。　　　　3分

$K^{\ominus} = \dfrac{\dfrac{n(CO_2)RT}{Vp^{\ominus}}}{\dfrac{n(CO)RT}{Vp^{\ominus}}} = \dfrac{0.10+x}{0.50-x} = 0.50$　　　　　　$x = 0.10$　　　　3分

$\alpha = \dfrac{0.10}{1.0} = 10\%$　　　　1分

（5）（本小题8分）

平衡时，　$n(N_2O_4) = \dfrac{pV}{RT} = \dfrac{1186.0 kPa \times 2.00L}{8.314 J/(mol \cdot K) \times 298K} = 0.957 mol$　　　　2分

$$\begin{array}{ccc} 2NO_2(g) & \rightleftharpoons & N_2O_4(g) \end{array}$$

开始 n/mol：　　　2.000

平衡 n/mol：　　　2.000$-$1.914$=$0.086　　　　　　　0.957

平衡 $p(NO_2) = \dfrac{nRT}{V} = \dfrac{0.086 mol \times 8.314 J/(mol \cdot K) \times 298K}{2.00L}$

　　　　　　　　$= 1.07 \times 10^2 kPa$　　　　3分

$K^{\ominus} = \dfrac{\dfrac{1186.0}{100}}{\left(\dfrac{1.07 \times 10^2}{100}\right)^2} = 10.4$　　　　2分

$p = p(NO_2) + p(N_2O_4) = (1186.0 + 1.07 \times 10^2) \text{kPa} = 1.293 \times 10^3 \text{kPa}$　　　　1分

（6）（本小题 10 分）

1）$\Delta_r G_m^{\ominus}(298.15\text{K}) = \sum \nu \Delta_f G_m^{\ominus}(298.15\text{K}) = -5.3 \text{kJ/mol}$

$\ln K^{\ominus}(298.15\text{K}) = -\Delta_r G_m^{\ominus}(298.15\text{K})/(RT) = 2.1$

$K^{\ominus}(298.15\text{K}) = 8$　　　　4分

2）$\Delta_r H_m^{\ominus}(298.15\text{K}) = \sum \nu \Delta_f H_m^{\ominus}(298.15\text{K}) = -57.9 \text{kJ/mol}$　　　　1分

$\Delta_r S_m^{\ominus}(298.15\text{K}) = [\Delta_r H_m^{\ominus}(298.15\text{K}) - \Delta_r G_m^{\ominus}(298.15\text{K})]/T = -0.176 \text{kJ/(mol·K)}$　　　　1分

$\Delta_r G_m^{\ominus}(1000\text{K}) \approx \Delta_r H_m^{\ominus}(298.15\text{K}) - T\Delta_r S_m^{\ominus}(298.15\text{K}) = 118.5 \text{kJ/mol}$　　　　2分

$\ln K^{\ominus}(1000\text{K}) = -\Delta_r G_m^{\ominus}(1000\text{K})/(RT) = -14.25$

$K^{\ominus}(1000\text{K}) = 6.5 \times 10^{-7}$　　　　2分

[也可利用范特霍夫等压方程式求 $K^{\ominus}(1000\text{K})$]

第二章 溶 液 化 学

一、学习要求

（1）掌握非电解质稀溶液依数性的概念、有关计算和应用。

（2）掌握酸碱质子理论的基本要点和特征、共轭酸碱对的概念和酸碱的强弱。

（3）掌握一元弱酸、弱碱的解离平衡及其平衡组成的计算；熟悉多元弱酸和弱碱的分步解离平衡，了解其平衡组成的计算。

（4）掌握同离子效应的概念，熟悉缓冲溶液的定义、作用原理、组成和性质；掌握缓冲溶液 pH 值的近似计算。

（5）掌握配合物的定义、组成和基本概念，了解配合物的系统命名和配合物的分类；了解配位平衡的特点，掌握配位平衡的有关计算，了解酸碱平衡、沉淀-溶解平衡、氧化还原平衡及配位平衡对配位平衡移动的影响。

（6）熟悉难溶电解质的沉淀溶解平衡，掌握溶度积常数及其与溶解度关系的计算。

（7）掌握判断沉淀的生成和溶解的溶度积规则，了解酸溶平衡和配溶平衡平衡常数的计算，掌握沉淀转化的相关计算。

二、重难点解析

（一）非电解质稀溶液的依数性

难挥发非电解质稀溶液的性质（溶液的蒸气压下降、沸点上升、凝固点下降和溶液渗透压）与一定量溶剂中所溶解溶质的数量（物质的量）成正比，而与溶质的本性无关，称为依数性，又称为稀溶液定律或依数性定律。

1. 溶液的蒸气压下降

在一定温度时，难挥发的非电解质稀溶液中溶剂的蒸气压下降（Δp）与溶质的摩尔分数成正比：

$$\Delta p = p_A - p = \frac{n_B}{n} \times p_A = x_B p_A \qquad p = \frac{n_A}{n} \times p_A = x_A p_A$$

式中，n_B 为溶质 B 的物质的量；$n_B/n = x_B$ 为溶质 B 的摩尔分数；p_A 为纯溶剂的蒸气压；p 为溶液的蒸气压。可见溶液的蒸气压与溶剂的摩尔分数成正比。上式经过近似还可化为如下形式：

$$\Delta p = p_A x_B = p_A \cdot \frac{n_B}{n_A + n_B} \approx p_A \cdot \frac{n_B}{n_A} = p_A \cdot \frac{n_B}{w_A/M_A} = (p_A \cdot M_A) \cdot \frac{n_B}{w_A} = k m_B$$

表明溶液的蒸气压下降只与溶液的质量摩尔浓度成正比，也就是只与溶质的多少有关，而和溶质的种类无关，是一种依数性。

从本质上讲，由于溶质不挥发，溶液的蒸气压就是溶剂的蒸气压，与纯溶剂相比，由于溶质的影响，溶液的蒸气压下降了。

2. 溶液的沸点上升和凝固点下降

当某一液体的蒸气压等于外界压力时（若无特别说明，外界压力均指 101.325kPa），液体就会沸腾，此时的温度称为该液体的沸点，以 T_{bp}（下标 bp 是 boiling point 的缩写）表示。而某物质的凝固点（即熔点）是该物质的液相蒸气压和固相蒸气压相等时的温度，以 T_{fp}（freezing point 的缩写）表示。

溶液的沸点上升和凝固点下降是由溶液中溶剂的蒸气压下降引起的，并且具有相同的形式：

$$\Delta T_{bp} = k_{bp}m \qquad \Delta T_{fp} = k_{fp}m$$

式中，k_{bp} 与 k_{fp} 分别称做溶剂的摩尔沸点上升常数和溶剂的摩尔凝固点下降常数（SI 单位为 K·kg/mol）。这两个常数是溶剂的特性，与溶质无关。

3. 溶液渗透压

难挥发非电解质稀溶液的渗透压与溶液的浓度及热力学温度成正比。若以 Π 表示渗透压，c 表示浓度，T 表示热力学温度，n 表示溶质的物质的量，V 表示溶液的体积，则

$$\Pi = cRT = nRT/V \qquad 或 \qquad \Pi V = nRT$$

这一方程的形式与理想气体方程相似，R 的数值也完全一样，但气体的压力和溶液的渗透压产生的原因是不同的。气体由于它的分子运动碰撞容器壁而产生压力，但溶液的渗透压是溶剂分子渗透的结果。

渗透压在生物学中具有重要意义。有机体的细胞膜大多具有半透膜的性质，渗透压是引起水在生物体中运动的重要推动力。人体血液平均的渗透压约为 780kPa。对人体注射或静脉输液时，应使用等渗溶液，例如临床常用的是质量分数 5.0%（$0.28mol/dm^3$）葡萄糖溶液或含 0.9% NaCl 的生理盐水，自行计算一下它们的渗透压。

渗透压数值很可观，以 298.15K 时 $0.100mol/dm^3$ 溶液的渗透压为例：

$\Pi = cRT = 0.100 \times 10^3 mol/m^3 \times 8.314Pa·m^3/(mol·K) \times 298.15K = 248kPa$

一般植物细胞汁的渗透压约可达 2000kPa，所以水分可以从植物的根部运送到数十米高的顶端。由于渗透压具有很大的放大系数，常用来测定大分子高聚物的摩尔质量，如蛋白质的相对分子质量，而蛋白质溶液引起的蒸气压下降和熔沸点的变化是微不足道的。

依数性之间是可以互相参照的，因为它们都只和"数"有关。对于稀溶液，质量摩尔浓度 m 和物质的量浓度 c 近似相等。对于电解质溶液，对浓度进行 i 值校正后同样可以计算其依数性。一般来说，强电解质如 NaCl、HCl（AB 型）的 i 接近于 2，K_2SO_4（A_2B 型）的 i 在 2~3 间；弱电解质如 CH_3COOH 的 i 略大于 1。因此，对同浓度的溶液来说，其沸点高低或渗透压大小的顺序为：A_2B 或 AB_2 型强电解质溶液>AB 型强电解质溶液>弱电解质溶液>非电解质溶液，而蒸气压或凝固点的顺序则相反。

（二）酸碱质子理论与酸碱的相对强弱

凡能给出质子（H^+）的物种都是（质子）酸，凡能接受质子（H^+）的物种都是（质子）碱，既能给出质子又能接受质子的物种称为两性物质。即酸是质子给予体，碱是质子接受体。相差一个质子的酸和碱，互相称为共轭酸和共轭碱。

按照酸碱质子理论，酸和碱并不是孤立的，而是统一在对质子的关系上，这种关系也称为酸与碱的共轭关系。这种共轭关系体现了酸碱之间的相互依存关系，即"有酸才有碱，有碱才有酸；酸中有碱，碱中有酸"。

酸碱反应的实质是质子转移反应，水的解离、酸与碱的解离、盐的水解、中和反应等都是质子转移反应。

酸和碱的强度是指酸给出质子的能力和碱接受质子的能力强弱。酸、碱的强弱不仅取决于酸碱本身给出或接受质子能力，还取决于溶剂接受或给出质子的能力。同一物种在不同溶剂中的酸碱性不同，因此，讨论酸碱的相对强弱应以同一溶剂作为比较标准。

通常，在水溶液中，可根据水中弱酸、弱碱的解离常数 $K_a^\ominus$、$K_b^\ominus$ 的相对大小来比较它们的酸碱性的相对强弱，$K_a^\ominus$ 越大，酸越强；$K_b^\ominus$ 越大，碱越强。这表明溶剂水对它们的酸碱性有区分能力。

共轭酸碱对酸的解离常数和碱的解离常数存在如下关系：

$$K_a^\ominus \cdot K_b^\ominus = K_w^\ominus$$

即共轭酸的酸性越强，相应共轭碱的碱性越弱，反之亦然。

对于多元弱酸碱，需找准共轭酸碱对对应的酸常数 $K_a^\ominus$ 和碱常数 $K_b^\ominus$。例如：

$$H_2CO_3 \rightleftharpoons H^+ + HCO_3^- \quad K_{a1}^\ominus \qquad CO_3^{2-} + H_2O \rightleftharpoons HCO_3^- + OH^- \quad K_{b1}^\ominus$$

$$HCO_3^- \rightleftharpoons H^+ + CO_3^{2-} \quad K_{a2}^\ominus \qquad HCO_3^- + H_2O \rightleftharpoons H_2CO_3 + OH^- \quad K_{b2}^\ominus$$

$$K_{a2}^\ominus \cdot K_{b1}^\ominus = K_w^\ominus \qquad\qquad K_{a1}^\ominus \cdot K_{b2}^\ominus = K_w^\ominus$$

（三）溶液 pH 值的计算

1. 一元弱酸碱

对于一元弱酸，当 $\alpha \leqslant 5\%$ 或 $c/K_a^\ominus > 400$ 时，

$$K_a^\ominus = \frac{(c\alpha/c^\ominus)^2}{c(1-\alpha)/c^\ominus} = \frac{c\alpha^2}{(1-\alpha)c^\ominus} \approx (c/c^\ominus)\alpha^2, \quad 故：$$

$$\alpha = \sqrt{K_a^\ominus/c} \qquad\qquad c_{H^+}^{eq} = c\alpha = \sqrt{K_a^\ominus c}$$

表明一定温度下，弱电解质的解离度随着溶液的稀释而增大，即稀释定律。

对于一元弱碱，同样的，当 $\alpha \leqslant 5\%$ 或 $c/K_b^\ominus > 400$ 时，

$$\alpha = \sqrt{K_b^\ominus/c} \qquad\qquad c_{OH^-}^{eq} = c\alpha = \sqrt{K_b^\ominus c}$$

2. 多元弱酸

多元弱酸的解离是分步进行的。一般来说，其逐级解离常数相差较大，即 $K_{a1}^\ominus \gg K_{a2}^\ominus \gg K_{a3}^\ominus$，溶液中的 H^+ 主要来自弱酸的第一步解离，计算 pH 值时，可把多元弱酸当成一元弱酸看待。

二元弱酸中，$c(A^{2-}) \approx K_{a2}^{\ominus}$，而与弱酸的初始浓度无关。以二元弱酸 H_2A 为例讨论如下：

$$H_2A \rightleftharpoons H^+ + HA^- \qquad K_{a1}^{\ominus}$$
$$HA^- \rightleftharpoons H^+ + A^{2-} \qquad K_{a2}^{\ominus}$$

平衡 $H_2A \rightleftharpoons 2H^+ + A^{2-}$ 虽然存在，平衡常数为 $K^{\ominus} = K_{a1}^{\ominus} \cdot K_{a2}^{\ominus}$，但 $c(H^+) \neq 2c(A^{2-})$，因为 H^+ 主要来自第一步解离。当 $c/K_{a1}^{\ominus} > 400$ 时，$c_{H^+} = \sqrt{K_{a1}^{\ominus}c}$，第二步解离的 H^+ 是很少的，即 $c(H^+) \approx c(HA^-)$，故而 $c(A^{2-}) \approx K_{a2}^{\ominus}$。更详细的分析，假设第一步解离出的 $c(H^+) = x$，第二步解离出的 $c(H^+) = y$，则 $c_{H^+}^{eq} = x + y$。注意溶液中每种物质只有一个平衡浓度。关系如下：

$$
\begin{array}{cccccccc}
H_2A & \rightleftharpoons & H^+ & + & HA^- & \qquad & HA^- \rightleftharpoons H^+ & + & A^{2-} \\
c_0 - x & & x+y & & x-y & & x-y \quad\quad x+y & & y
\end{array}
$$

由于 $y \ll x$，$x+y \approx x-y \approx x$，即 $c(H^+) \approx c(HA^-)$。根据 $K_{a2}^{\ominus} = \dfrac{c(H^+)c(A^{2-})}{c(HA^-)}$，得 $c(A^{2-}) \approx K_{a2}^{\ominus}$。

（四）缓冲溶液

同离子效应：在已建立离子平衡的弱电解质溶液中，加入与弱电解质具有相同离子的易溶强电解质，会使弱电解质的解离度减小，这种现象称同离子效应。

缓冲溶液：可抵抗少量外来酸碱或稀释，本身的 pH 值基本保持不变的溶液。一般为共轭酸碱对所构成的缓冲溶液。缓冲溶液 pH 值的近似计算公式如下：

$$pH = pK_a^{\ominus} + \lg \frac{c(共轭碱)}{c(共轭酸)} \quad 或 \quad pH = 14 - pK_b^{\ominus} + \lg \frac{c(共轭碱)}{c(共轭酸)}$$

可见，缓冲溶液的 pH 值取决于 $K_a^{\ominus}$ 或 $K_b^{\ominus}$ 以及缓冲对比值 $c(共轭碱)/c(共轭酸)$。当缓冲对比值一定时，缓冲溶液总浓度（共轭酸与共轭碱的浓度之和）越大，缓冲容量越大；当总浓度一定时，若缓冲对比值等于 1，则缓冲容量达到最大；若缓冲对比值等于 $1/10 \sim 10$，则缓冲容量较大，即缓冲溶液的缓冲能力处于其有效缓冲范围之内，缓冲范围一般为

$$pH = pK_a^{\ominus} \pm 1$$

因此，在配制缓冲溶液时，一般选择 $pK_a^{\ominus}$ 与所要求 pH 尽量接近的缓冲对。

（五）配位平衡

1. 配位平衡的计算

配位平衡的平衡常数表达方式符合第一章学习的化学平衡常数的一般表示方法。当配位反应的方向不同和反应级数不同时，配位平衡常数的表示形式也有所不同。常用的包括稳定常数 $K_f^{\ominus}$、不稳定常数 $K_i^{\ominus}$ 和累积稳定常数 β_n 等。

配合物体系物种繁多，包括游离金属离子、游离配体以及各级配离子，使配位平衡的精确计算有一定困难。根据配离子稳定常数很大的特点，可以对计算进行简化：当配体浓

度大大过量时，可以认为配离子的平衡浓度等于金属离子总浓度，游离配体的平衡浓度就等于配体的总浓度，而设金属离子的平衡浓度为未知数 x 进行计算。

2. 配位平衡与其他平衡共存时的相互影响

（1）配位平衡与酸碱平衡的关系：以 $Ag^+ + 2NH_3 \rightleftharpoons [Ag(NH_3)_2]^+$ 为例，溶液中同时存在 $NH_3 + H_2O \rightleftharpoons NH_4^+ + OH^-$ 与 $Ag^+ + OH^- \rightleftharpoons Ag(OH)$，若溶液的 pH 值发生变化，则配位平衡也会发生移动，一般来讲，pH 值的影响比较复杂。

（2）配位平衡与沉淀平衡的关系：配位剂、沉淀剂可以与金属离子结合，分别生成配离子和沉淀物。故配位平衡与沉淀溶解平衡的关系，就是配位剂与沉淀剂对金属离子的争夺，平衡朝着使金属离子浓度更低的方向移动。

（3）配位平衡与氧化还原平衡的关系：若配离子的生成改变了氧化还原反应中氧化型物质（或还原型物质）的浓度，则会对物质的氧化还原性质产生影响，同学们可以结合第三章电化学中有关电极电势和能斯特方程的相关内容进行学习，《普通化学实验》（ISBN 978-7-5024-7521-5，臧丽坤主编，冶金工业出版社，2017 年）也涉及相关内容。

（4）配位平衡与同时存在的其他配位平衡之间的关系：若两种不同的配体争夺同一种金属离子（或不同的金属离子争夺同一种配体）时，平衡朝着生成更稳定的配离子的方向移动。

（六）溶度积与溶解度

难溶强电解质在溶液中达沉淀—溶解平衡时，存在以下平衡：

$$A_nB_m(s) \rightleftharpoons nA^{m+}(aq) + mB^{n-}(aq)$$

其标准平衡常数为 $\quad K_{sp}^{\ominus} = (c(A^{m+})/c^{\ominus})^n \cdot (c(B^{n-})/c^{\ominus})^m$

或简写为 $\quad\quad\quad\quad K_{sp}^{\ominus} = c(A^{m+})^n \cdot c(B^{n-})^m$

$K_{sp}^{\ominus}$ 又称为溶度积常数，简称溶度积。

溶度积的数值反映了难溶电解质溶解能力的大小。对于同种类型的难溶电解质来说，溶度积越大，溶解度就越大；不同类型的难溶电解质，则不能直接用溶度积的大小来比较其溶解能力的大小。

$$A_nB_m(s) \rightleftharpoons nA^{m+}(aq) + mB^{n-}(aq)$$

平衡时 $c(mol/L)$ $\quad\quad\quad\quad\quad\quad nS \quad\quad\quad mS$

$$K_{sp}^{\ominus} = (nS)^n \cdot (mS)^m = n^n \cdot m^m \cdot S^{m+n} \quad\quad S = \sqrt[m+n]{\frac{K_{sp}^{\ominus}}{n^n \cdot m^m}}$$

上式即为溶解度与溶度积之间的一般关系式。式中，S 为难溶电解质 A_nB_m 在水中的溶解度，mol/L。此式的适用条件为难溶强电解质，一步完全解离，没有其他副反应发生。

实际上，溶度积平衡 $K_{sp}^{\ominus} = c(A^{m+})^n \cdot c(B^{n-})^m$ 总是存在的，但如果是在弱电解质（如 $HgCl_2$）、分步解离（如 $Fe(OH)_3$）、发生副反应（如 $CaCO_3$、CO_3^{2-} 发生水解）的情况下，A^{m+}、B^{n-} 的浓度不存在方程式所示的比例关系，故而此式不适用。

（七）溶度积规则

沉淀—溶解反应的判据就是溶度积规则。即：

$J>K_{sp}^{\ominus}$，溶液为过饱和溶液，沉淀从溶液中析出；

$J=K_{sp}^{\ominus}$，溶液为饱和溶液，系统中有固相存在，处于平衡状态；

$J<K_{sp}^{\ominus}$，溶液为不饱和溶液，无沉淀析出，若原来有沉淀，则沉淀溶解。

当 $J>K_{sp}^{\ominus}$ 时，析出沉淀，溶液中离子浓度降低，J 减小，直到 $J=K_{sp}^{\ominus}$ 达到新的平衡，此即沉淀的生成。一般来说可以采用同离子效应加入沉淀剂使被沉淀离子沉淀完全，当被沉淀离子浓度低于 $10^{-5}mol/dm^3$ 时，可认为是完全沉淀。当然，若沉淀剂用量过多反而会因为盐效应、配位效应导致被沉淀离子溶解度的增加。

当 $J=K_{sp}^{\ominus}$ 时，处于平衡状态，系统一般为固液共存的两相，溶液为饱和溶液。也可能仅存在饱和溶液一相，但不稳定。

当 $J<K_{sp}^{\ominus}$ 时，沉淀溶解，J 增大，以期达到新的平衡，但这种平衡有可能达不到，即沉淀全部溶解后仍为不饱和溶液。

利用溶度积规则可以判断沉淀—溶解平衡的移动方向，说明多种离子体系能否进行分离和转化等问题。

（八）沉淀—溶解平衡的移动

通过改变溶液的 pH 值、发生氧化还原反应、生成配合物以及转化为另一种沉淀的方法，都可以改变参与沉淀—溶解平衡的离子的浓度，使沉淀—溶解平衡发生移动。

对于酸溶沉淀和配溶沉淀，可先计算总反应的平衡常数，再进行平衡浓度的计算，这样可避免很小浓度的数值出现。

1. 酸溶沉淀

$$CaCO_3(s) + 2H^+ \rightleftharpoons Ca^{2+}(aq) + H_2O(l) + CO_2(g) \quad K^{\ominus} \qquad (1)$$

按照多重反应的概念，该反应可以写成如下三个反应

$$CaCO_3(s) \rightleftharpoons Ca^{2+}(aq) + CO_3^{2-}(aq) \quad K_{sp}^{\ominus} \qquad ①$$

$$H_2CO_3(aq) \rightleftharpoons H^+(aq) + HCO_3^-(aq) \quad K_{a1}^{\ominus} \qquad ②$$

$$HCO_3^-(aq) \rightleftharpoons H^+(aq) + CO_3^{2-}(aq) \quad K_{a2}^{\ominus} \qquad ③$$

∵（1）=①-②-③，∴ $K^{\ominus}=K_{sp,CaCO_3}^{\ominus}/(K_{a1}^{\ominus} \cdot K_{a2}^{\ominus})$

同学们熟练掌握以后，可以直接写出总反应的平衡常数，$CaCO_3$ 从左往右，$K_{sp}^{\ominus}$ 在分子；$H_2CO_3(CO_2+H_2O)$ 从右往左，$K_{a1}^{\ominus}$、$K_{a2}^{\ominus}$ 在分母，故 $K^{\ominus}=K_{sp,CaCO_3}^{\ominus}/(K_{a1}^{\ominus} \cdot K_{a2}^{\ominus})$。

为什么不都从左往右看，采用 $H_2CO_3(CO_3^{2-})$ 的 $K_{b1}^{\ominus}$、$K_{b2}^{\ominus}$ 呢？原则上，采用酸碱平衡常数不能引入多余的水，这会带来 $K_w^{\ominus}$ 的问题，而采用 H_2CO_3 的 $K_{a1}^{\ominus}$、$K_{a2}^{\ominus}$ 已经把方程式中的一个 H_2O 用掉了。大家看一下用 $K_{b1}^{\ominus}$、$K_{b2}^{\ominus}$ 的情况：

$$CaCO_3(s) + 2H^+ \rightleftharpoons Ca^{2+}(aq) + H_2O(l) + CO_2(g) \quad K^{\ominus} \qquad (1)$$

$$CaCO_3(s) \rightleftharpoons Ca^{2+}(aq) + CO_3^{2-}(aq) \quad K_{sp}^{\ominus} \qquad ①$$

$$CO_3^{2-}(aq) + H_2O \Longrightarrow HCO_3^-(aq) + OH^- \qquad K_{b1}^{\ominus} \qquad ④$$

$$HCO_3^-(aq) + H_2O \Longrightarrow H_2CO_3(aq) + OH^- \qquad K_{b2}^{\ominus} \qquad ⑤$$

$$H_2O(l) \Longrightarrow H^+(aq) + OH^- \qquad K_w^{\ominus} \qquad ⑥$$

∵ （1） = ①+④+⑤−2×⑥,

∴ $K^{\ominus} = K_{sp,CaCO_3}^{\ominus} \cdot K_{b1}^{\ominus} \cdot K_{b2}^{\ominus}/(K_w^{\ominus})^2 = K_{sp,CaCO_3}^{\ominus}/(K_{a1}^{\ominus} \cdot K_{a2}^{\ominus})$

再如

$$Mg(OH)_2(s) + 2NH_4^+ \Longrightarrow Mg^{2+}(aq) + 2NH_3(g) + 2H_2O(l) \qquad K^{\ominus} \qquad (2)$$

$$Mg(OH)_2(s) \Longrightarrow Mg^{2+}(aq) + 2OH^-(aq) \qquad K_{sp}^{\ominus} \qquad ①$$

$$NH_3 \cdot H_2O(aq) \Longrightarrow NH_4^+(aq) + OH^-(aq) \qquad K_b^{\ominus} \qquad ②$$

$K^{\ominus} = K_{sp,Mg(OH)_2}^{\ominus}/(K_b^{\ominus})^2$，从右往左为 $NH_3 \cdot H_2O$ 的 $K_b^{\ominus}$，没有多余的 H_2O。

若使用 $K_a^{\ominus}$，则

$$Mg(OH)_2(s) + 2NH_4^+ \Longrightarrow Mg^{2+}(aq) + 2NH_3(g) + 2H_2O(l) \qquad K^{\ominus} \qquad (2)$$

$$Mg(OH)_2(s) \Longrightarrow Mg^{2+}(aq) + 2OH^-(aq) \qquad K_{sp}^{\ominus} \qquad ①$$

$$NH_4^+ \Longrightarrow H^+(aq) + NH_3(aq) \qquad K_a^{\ominus} \qquad ③$$

$$H_2O(l) \Longrightarrow H^+(aq) + OH^- \qquad K_w^{\ominus} \qquad ④$$

∵ （2） = ①+2×③−2×④

∴ $K^{\ominus} = K_{sp,Mg(OH)_2}^{\ominus} \cdot (K_a^{\ominus})^2/(K_w^{\ominus})^2 = K_{sp,Mg(OH)_2}^{\ominus}/K_b^{\ominus 2}$

2. 配溶沉淀

$$AgCl(s) + 2NH_3 \Longrightarrow [Ag(NH_3)_2]^+ + Cl^- \qquad K^{\ominus} = K_{sp}^{\ominus} \cdot K_f^{\ominus} \qquad (3)$$

$$AgCl(s) \Longrightarrow Ag^+ + Cl^- \qquad K_{sp}^{\ominus} \qquad ①$$

$$Ag^+ + 2NH_3 \Longrightarrow [Ag(NH_3)_2]^+ \qquad K_f^{\ominus} \qquad ②$$

类似地，可写出下述总反应的平衡常数（请同学们自己分析一下）：

$$CdS(s) + 4HCl(浓) \Longrightarrow CdCl_4^{2-} + H_2S + 2H^+ \qquad K^{\ominus} = \frac{K_{sp}^{\ominus} \cdot K_f^{\ominus}}{K_{a1}^{\ominus} \cdot K_{a2}^{\ominus}} \qquad (4)$$

三、例题解析

【例 2-1】 在 5.00×10^{-2} kg CCl_4 中溶解 0.5126g 萘，测得溶液沸点较纯溶剂升高 0.402℃。若在同质量溶剂中溶入 0.6216g 未知物，测得溶液沸点升高约 0.647℃，求该未知物的摩尔质量。

解： 根据 $\Delta T_{bp} = k_{bp} \cdot m$，有 $\Delta T_{bp} = k_{bp} \times \dfrac{W_B}{M_B W_A}$

萘的摩尔质量为 128.16g/mol

故
$$0.402 = k_{bp} \times \frac{0.5126}{128.16 \times 5.00 \times 10^{-2}} \qquad (1)$$

未知物　　　　　　　　　$0.647 = k_{bp} \times \dfrac{0.6216}{M_B \times 5.00 \times 10^{-2}}$　　　　　　　　（2）

由式（1）和式（2）得：$M_B = 96.6 g/mol$

【例2-2】 将 $0.20 mol/dm^3$ 的 HF 与 $0.20 mol/dm^3$ 的 KF 溶液等体积混合，计算混合物的 pH 值和 HF 的解离度。

解： 因为两种溶液等体积混合，则混合后两物质浓度减半，即为 $0.10 mol/dm^3$，设已解离 HF 的浓度（mol/dm^3）为 x，则

	HF	⇌	H^+	+	F^-
开始浓度/mol·dm⁻³	0.10		0		0.10
平衡浓度/mol·dm⁻³	0.10 − x		x		0.10 + x

$$K_a^{\ominus} = \frac{c(H^+)c(F^-)}{c(HF)} = \frac{x(0.10 + x)}{0.10 - x}$$

因 HF 的解离常数小，且因同离子效应，故 x 很小，$x \pm 0.1 \approx 0.1$，代入上式求得

$$x = 6.3 \times 10^{-4} mol/dm^3$$
$$pH = -\lg c(H^+) = 3.20$$
$$HF \text{ 的解离度} = x/0.10 = 0.63\%$$

此外，本题也可通过缓冲溶液 pH 值计算公式计算。

【例2-3】 欲配制 0.250L pH = 5.00 的缓冲溶液，需要浓度为 $1.0 mol/dm^3$ 的 NaAc 溶液和浓度为 $6.0 mol/dm^3$ 的 HAc 溶液各多少升？已知 HAc 的解离常数 $K_a^{\ominus} = 1.76 \times 10^{-5}$。

解： 根据缓冲溶液的计算公式，$pH = pK_a^{\ominus} + \lg \dfrac{c_b}{c_a} = pK_a^{\ominus}(HAc) + \lg \dfrac{c(NaAc)}{c(HAc)}$。

代入公式得：

$$5.00 = -\lg(1.76 \times 10^{-5}) + \lg \frac{c(NaAc)}{c(HAc)}$$

$$= 5 - \lg 1.76 + \lg \frac{c(NaAc)}{c(HAc)}$$

$$\frac{c(NaAc)}{c(HAc)} = \frac{n(NaAc)}{n(HAc)} = 1.76$$

设需要 $6.0 mol/dm^3$ 的 HAc 溶液的量（L）为 x，则 $\dfrac{(0.25 - x) \times 1.0}{x \times 6.0} = 1.76$，可得 $x = 0.022L$，即需要 $1.0 mol/dm^3$ 的 NaAc 溶液 0.228L，$6.0 mol/dm^3$ 的 HAc 溶液 0.022L。

【例2-4】 已知 $Cu(OH)_2$ 的 $K_{sp}^{\ominus} = 2.2 \times 10^{-20}$，计算 0.10mol $Cu(OH)_2$ 固体完全溶于 1L 盐酸溶液时，溶液的 pH 值应该维持在何值？如用醋酸代替盐酸时，则 0.10mol $Cu(OH)_2$ 完全溶解所需提供的醋酸浓度为多少？

解： $Cu(OH)_2$ 溶解在酸中的反应为

$$Cu(OH)_2 + 2H^+ \rightleftharpoons Cu^{2+} + 2H_2O$$

平衡常数　　$K^{\ominus} = \dfrac{c(Cu^{2+})}{[c(H^+)]^2} = \dfrac{K_{sp}^{\ominus}(Cu(OH)_2)}{(K_w^{\ominus})^2} = \dfrac{2.2 \times 10^{-20}}{(1.0 \times 10^{-14})^2}$

$Cu(OH)_2$ 完全溶解，则溶液中 $c(Cu^{2+})=0.10mol/dm^3$，代入上式，得 $c(H^+)=2.1\times10^{-5}mol/dm^3$，$pH=lgc(H^+)=4.68$。

当 0.10mol $Cu(OH)_2$ 完全溶解在醋酸中，反应为

$$Cu(OH)_2 + 2HAc \rightleftharpoons Cu^{2+} + 2H_2O + 2Ac^-$$

$$K^\ominus = \frac{c(Cu^{2+})[c(Ac^-)]^2}{[c(HAc)]^2} = \frac{K_{sp}^\ominus(Cu(OH)_2)[K_a^\ominus(HAc)]^2}{(K_w^\ominus)^2}$$

$$= \frac{2.2\times10^{-20}\times(1.76\times10^{-5})^2}{(1.0\times10^{-14})^2} = 0.068$$

$Cu(OH)_2$ 完全溶解，则溶液中 $c(Cu^{2+})=0.10mol/dm^3$，$c(Ac^-)=0.20mol/dm^3$，代入上式，得

$$c(HAc)=0.24mol/dm^3$$

因此，0.10mol $Cu(OH)_2$ 完全溶解所需醋酸浓度为 $(0.20+0.24)mol/dm^3 = 0.44mol/dm^3$。

【例 2-5】 已知 298K 时 AgCl 固体在纯水中的溶解度为 $1.33\times10^{-5}mol/dm^3$，$[Ag(NH_3)_2]^+$ 的稳定常数为 1.6×10^7，计算 AgCl 固体在 $1.0mol/dm^3$ 氨水中的溶解度。

解： 根据 AgCl 固体在纯水中的溶解度可算出其溶度积常数：

$$K_{sp}^\ominus = (1.33\times10^{-5})^2 = 1.77\times10^{-10}$$

设 AgCl 固体在 $1.0mol/dm^3$ 氨水中的溶解度为 S，则

$$AgCl + 2NH_3 \rightleftharpoons [Ag(NH_3)_2]^+ + Cl^-$$
$$1.0-2S \qquad S \qquad S$$

$$K^\ominus = K_{sp}^\ominus(AgCl)\cdot K_f^\ominus([Ag(NH_3)_2]^+) = 1.77\times10^{-10}\times1.6\times10^7 = 2.83\times10^{-3}$$

$$\frac{S^2}{(1-2S)^2} = 2.83\times10^{-3}$$

解得 $S=0.048mol/dm^3$

可以看出，AgCl 在氨水中的溶解度因配离子的生成而较纯水中有显著增大。

【例 2-6】 有一浓度均为 $0.010mol/dm^3$ 的 Mn^{2+}、Co^{2+} 混合液，若通入 H_2S 气体至饱和（已知 H_2S 饱和溶液的浓度为 $0.10mol/dm^3$），在 $pH=4.0$ 时，能否使 Mn^{2+}、Co^{2+} 分离？已知 $K_{sp}^\ominus(MnS)=2.5\times10^{-13}$，$K_{sp}^\ominus(CoS)=4.0\times10^{-21}$，$H_2S$ 的 $K_{a1}^\ominus=1.3\times10^{-7}$，$K_{a2}^\ominus=7.1\times10^{-15}$。

解： 由已知条件，$K_{sp}^\ominus(CoS)<K_{sp}^\ominus(MnS)$，所以通入 H_2S 气体时，Co^{2+} 先沉淀；

由 $pH=4.0$ 得 $c(H^+)=10^{-4}$。

此时，$c(S^{2-}) = K_{a1}^\ominus K_{a2}^\ominus \frac{c(H_2S)}{[c(H^+)]^2} = \frac{1.3\times10^{-7}\times7.1\times10^{-15}\times0.1}{(10^{-4})^2} = \frac{9.23\times10^{-23}}{10^{-8}} = 9.23\times10^{-15}$。

$$c(Co^{2+}) = \frac{K_{sp}^\ominus(CoS)}{c(S^{2-})} = \frac{4.0\times10^{-21}}{9.23\times10^{-15}} = 4.33\times10^{-7} < 10^{-5}mol/dm^3$$

所以认为，在 pH=4.0 时 Co^{2+} 沉淀完全。

此时 MnS 的反应商 $J = c(Mn^{2+})c(S^{2-}) = 0.010 \times 4.33 \times 10^{-15} = 4.33 \times 10^{-17} < K_{sp}^{\ominus}(MnS)$。

可以判断，还没有 MnS 沉淀生成。

因此在 pH=4.0 时，可以将 Mn^{2+}、Co^{2+} 通过沉淀法分离。

【例 2-7】**（标双星号为提高题，下同） 某溶液中含有 $0.15mol/dm^3$ 游离 NH_3，$0.15mol/dm^3$ NH_4Cl 和 $0.15mol/dm^3$ $[Cu(NH_3)_4]^{2+}$，计算说明有无生成 $Cu(OH)_2$ 沉淀的可能，已知 $Cu(OH)_2$ 的 $K_{sp}^{\ominus}=2.2\times10^{-20}$，$[Cu(NH_3)_4]^{2+}$ 的稳定常数 $K_f^{\ominus}$ 为 2.1×10^{13}，NH_4^+ 解离常数的 $K_a^{\ominus}=5.56\times10^{-10}$。

解：
$$Cu^{2+}+4NH_3 \Longleftrightarrow [Cu(NH_3)_4]^{2+}$$

$$K_f^{\ominus} = \frac{c\{[Cu(NH_3)_4]^{2+}\}}{c(Cu^{2+})[c(NH_3)_4]^4} = \frac{0.15}{c(Cu^{2+}) \times 0.15^4} = 2.1 \times 10^{13}$$

得
$$c(Cu^{2+}) = 1.4 \times 10^{-11}mol/dm^3$$

$$NH_3 + H_2O \Longleftrightarrow NH_4^+ + OH^-$$

按缓冲溶液处理，

$$pH = pK_a^{\ominus} + \lg\frac{c_b}{c_a} = pK_a^{\ominus}(NH_4^+) + \lg\frac{c(NH_3)}{c(NH_4^+)} = 9.25 + \lg\frac{0.15}{0.15} = 9.25$$

$$pOH = 14 - pH = 4.75$$

$$c(OH^-) = 1.78 \times 10^{-5}mol/dm^3$$

$$J = c(Cu^{2+})[c(OH^-)]^2 = 1.4 \times 10^{-11} \times (1.78 \times 10^{-5})^2 = 4.4 \times 10^{-21} < K_{sp}^{\ominus}[Cu(OH)_2]$$

因此，不能生成 $Cu(OH)_2$ 沉淀。

四、第二章课后习题简明答案

2-1 (1) ×；(2) ×；(3) ×；(4) √；(5) ×；(6) √；(7) ×；(8) √；
(9) √；(10) ×。

2-2 (1) D；(2) C；(3) B；(4) B；(5) B；(6) C；(7) B；(8) D；
(9) C；(10) D。

2-3 (1) 蒸气压下降、沸点上升、凝固点下降、产生渗透压；

(2) $p(蔗糖)>p(葡萄糖)$；

(3) NH_4^+，Ac^-；

(4) 田中施肥太浓或盐碱地，都导致土地中的渗透压大于植物或农作物中的渗透压，而使农作物中的水分渗透到土地中，使植物"烧死"或农作物"枯萎"；

(5) 分步解离，各步都有一个解离常数，$K_{a1}^{\ominus}>K_{a2}^{\ominus}$；

(6) 防止 Fe^{3+} 水解；

(7) $K_{sp}^{\ominus}(ZnS)/K_{sp}^{\ominus}(CuS)$；

(8) 降低；

（9）$J<K_{sp}^{\ominus}$；

（10）1.08×10^{-16}。

2-5 $-2.2℃$；$100.62℃$；$3.0MPa$。

2-7 $180g/mol$；$C_6H_{12}O_6$。

2-8 $2767Pa$；$104.11℃$；$-15℃$。

2-9 $K_a^{\ominus}=2.17\times10^{-5}$。

2-10 $K_a^{\ominus}=1\times10^{-6}$，$\alpha=1\%$。

2-11 4.9×10^{-10}。

2-12 $c(OH^-)=1.8\times10^{-5}mol/dm^3$；pH $=9.26$；$\alpha=0.009\%$。

2-13 1.10。

2-14 9.25；5.27；1.70。

2-15 $12cm^3$。

2-18 （1）1.378×10^{-4}；（2）3.5×10^{14}。

2-19 $9.8\times10^{-5}mol/dm^3$。

2-20 不会。

2-21 9.95。

2-22 1.152×10^{17}，可以转化。

五、第二章自测题及参考答案

（一）第二章自测题

1. 是非题（每题 1 分，共 10 分）

（1）0.20mol/L HAc 溶液中 $c(H^+)$ 是 0.10mol/L HAc 溶液中 $c(H^+)$ 的 2 倍。

（ ）

（2）H_2S 溶液中 $c(H^+)$ 是 $c(S^{2-})$ 的 2 倍。 （ ）

（3）同离子效应可以使溶液的 pH 值增大，也可以使 pH 值减小，但一定会使电解质的解离度降低。 （ ）

（4）反应 $NH_4^+ + OH^- \rightleftharpoons NH_3 + H_2O$ 的平衡常数 $K^{\ominus}=K_a^{\ominus}(NH_3)=K_w^{\ominus}/K_b^{\ominus}(NH_3)$。 （ ）

（5）难挥发电解质溶液的蒸气压高于同浓度难挥发非电解质溶液的蒸气压。 （ ）

（6）任何 AgCl 溶液中，$[c(Ag^+)/c^{\ominus}]$ 和 $[c(Cl^-)/c^{\ominus}]$ 之积都等于 $K_{sp}^{\ominus}(AgCl)$。

（ ）

（7）$MgCO_3$ 的 $K_{sp}^{\ominus}=6.8\times10^{-6}$，则所有含固体 $MgCO_3$ 的溶液中，$c(Mg^{2+})=c(CO_3^{2-})$。

（ ）

（8）溶解度和溶度积都能表示难溶电解质溶解能力的大小，溶度积大者溶解度一定大。

（ ）

（9）下列水溶液（溶质的摩尔分数均为 0.001）的蒸气压下降大小顺序为：

$H_2SO_4 > NaCl > HAc > C_6H_{12}O_6$　　　　　　　　　　　　　　（　　）

（10）一定温度下，由于尿素 $CO(NH_2)_2$ 与乙二醇（$CH_2OH)_2$）的相对分子质量不同，所以相同浓度的这两种稀的水溶液的渗透压也不相同。　　　　　　　（　　）

2. 选择题（每题 2 分，共 30 分）

（1）中性（pH=7）的水是　　　　　　　　　　　　　　　　　　（　　）

　　　A. 海水　　　　　B. 雨水　　　　　C. 蒸馏水　　　　　D. 自来水

（2）已知 $K^\ominus(HF)=6.7\times10^{-4}$，$K^\ominus(HCN)=7.2\times10^{-10}$，$K^\ominus(HAc)=1.8\times10^{-5}$。可配成 pH=9 的缓冲溶液的为　　　　　　　　　　　　　　　　　　　　（　　）

　　　A. HF 和 NaF　　　B. HCN 和 NaCN　　C. HAc 和 NaAc　　D. 都可以

（3）不是共轭酸碱对的一组物质是　　　　　　　　　　　　　　　（　　）

　　　A. NH_3，NH_2^-　　　B. $NaOH$，Na^+　　　C. HS^-，S^{2-}　　　D. H_2O，OH^-

（4）已知 $K^\ominus(HA)<10^{-5}$，HA 是很弱的酸，现将 $a$mol/L HA 溶液加水稀释，使溶液的体积为原来的 n 倍（设 $\alpha(HA)\ll1$），下列叙述正确的是　　　　　　（　　）

　　　A. $c(H^+)$ 变为原来的 $1/n$　　　　　B. HA 溶液解离度增大为原来的 n 倍

　　　C. $c(H^+)$ 变为原来的 a/n 倍　　　　D. $c(H^+)$ 变为原来的（$1/n)^{1/2}$

（5）在 $[Co(C_2O_4)_2(en)]^-$ 配离子中，中心离子的配位数为　　　　（　　）

　　　A. 6　　　　　　B. 4　　　　　　C. 2　　　　　　D. 8

（6）在 $[PtCl(NO_2)(NH_3)_4]^{2+}$ 配离子中，中心离子氧化数和配位数分别是　（　　）

　　　A. 0 和 3　　　　B. +4 和 6　　　　C. +2 和 4　　　　D. +4 和 3

（7）配合物 $[CrCl_3(NH_3)_2(H_2O)]$ 的名称是　　　　　　　　　　（　　）

　　　A. 三氯化一水·二氨合铬（Ⅲ）　　　　B. 一水合三氯化二氨合铬（Ⅲ）

　　　C. 三氯·二氨·水合铬（Ⅲ）　　　　　D. 二氨·一水·三氯合铬（Ⅲ）

（8）已知在 $Ca_3(PO_4)_2$ 的饱和溶液中，$c(Ca^{2+})=2.0\times10^{-6}$mol/L，$c(PO_4^{3-})=2.0\times10^{-6}$ mol/L，则 $Ca_3(PO_4)_2$ 的 $K_{sp}^\ominus$ 为　　　　　　　　　　　　　　　　（　　）

　　　A. 3.2×10^{-29}　　B. 3.2×10^{-12}　　C. 6.3×10^{-18}　　D. 5.1×10^{-27}

（9）已知 $K_{sp}^\ominus(CaF_2)=1.5\times10^{-10}$，在 0.250L 1mol/L 的 $Ca(NO_3)_2$ 溶液中能溶解 CaF_2 的质量为　　　　　　　　　　　　　　　　　　　　　　　（　　）

　　　A. 2.4×10^{-4}g　　B. 1.2×10^{-4}g　　C. 9.6×10^{-4}g　　D. 4.8×10^{-4}g

（10）$SrCO_3$ 在下列试剂中溶解度最大的是　　　　　　　　　　（　　）

　　　A. 0.10mol/L HAc　　　　　　　　　B. 0.10mol/L $Sr(NO_3)_2$

　　　C. 纯水　　　　　　　　　　　　　　D. 0.10mol/L Na_2CO_3

（11）反应 $Zn^{2+}+H_2S \Longrightarrow ZnS+2H^+$ 的标准平衡常数与 H_2S 的标准解离常数及 ZnS 的标准溶度积的关系式，正确的是　　　　　　　　　　　　　（　　）

　　　A. $K^\ominus=1/K_{sp}^\ominus$　　　　　　　　　　B. $K^\ominus=K_{sp}^\ominus(ZnS)$

　　　C. $K^\ominus=K_{a1}^\ominus(H_2S)\cdot K_{a2}^\ominus(H_2S)$　　D. $K^\ominus=K_{a1}^\ominus(H_2S)\cdot K_{a2}^\ominus(H_2S)/K_{sp}^\ominus(ZnS)$

（12）常温下，在 HAc 与 NaAc 的混合溶液中，若 $c(HAc)=c(NaAc)=0.10$mol/dm³，

测得 pH=4.75，现将此溶液与等体积的水混合后，溶液的 pH 值为 （ ）

  A. 2.375   B. 5.06   C. 4.75   D. 9.5

（13）为计算二元弱酸溶液的 pH 值，下列说法中正确的是 （ ）

  A. 只考虑第一级解离，忽略第二级解离

  B. 二级解离必须同时考虑

  C. 只考虑第二级解离

  D. 与第二级解离完全无关

（14）若已知 $K_{sp}^{\ominus}(PbSO_4)=1.82\times10^{-8}$，$K_{sp}^{\ominus}(PbS)=9.04\times10^{-27}$，试判断反应 $PbSO_4(s)+Na_2S(aq)\Longrightarrow PbS(s)+Na_2SO_4(aq)$ 进行的方向是 （ ）

  A. 向右   B. 向左   C. 平衡状态   D. 无法判断

（15）已知水的 $k_{fp}=1.86K/(kg\cdot mol)$，0.005mol/kg 化学式为 $FeK_3C_6N_6$ 的配合物水溶液，其凝固点为-0.037℃，这个配合物在水中的离解方式 （ ）

  A. $FeK_3C_6N_6\longrightarrow Fe^{3+}+K_3(CN)_6^{3-}$ B. $FeK_3C_6N_6\longrightarrow 3K^++Fe(CN)_6^{3-}$

  C. $FeK_3C_6N_6\longrightarrow 3KCN+Fe(CN)_2^++CN^-$ D. $FeK_3C_6N_6\longrightarrow 3K^++Fe^{3+}+6CN^-$

3. 填空题（每空 1 分，共 20 分）

（1）已知 298K 时，0.01mol/L 某一元弱酸溶液的 pH=4.00，则该酸的 $K_a^{\ominus}$ 为_____；当把该溶液稀释时，则其 pH 值将变_____，解离度将变_____，$K_a^{\ominus}$ 将_____。

（2）酸碱质子理论认为，在 H_3BO_3、NH_4^+、$HC_2O_4^-$、Al^{3+}、S^{2-}、Na^+ 中，属于酸的有_____，属于碱的有_____，属于两性物质的有_____。

（3）在 300mL 0.20mol/L 氨水中加入_____mL 水，才能使氨水的解离度增大一倍。

（4）氯化五氨·水合钴（Ⅲ）的化学式是_____；铜氨配离子中的配体和配位原子分别是_____。

（5）$PbSO_4$ 的 $K_{sp}^{\ominus}$ 为 1.8×10^{-8}，在纯水中其溶解度为_____mol/L；在浓度为 1.0×10^{-2} mol/L 的 Na_2SO_4 溶液中达到饱和时其溶解度为_____mol/L。

（6）AgCl、AgBr、AgI 在 2.0mol/L $NH_3\cdot H_2O$ 中的溶解度由大到小的顺序为_____。

（7）$2[Ag(CN)_2]^-(aq)+S^{2-}(aq)\Longrightarrow Ag_2S(s)+4CN^-(aq)$ 的标准平衡常数 $K^{\ominus}$ 值为_____。（Ag_2S 的 $K_{sp}^{\ominus}=6.3\times10^{-50}$，$[Ag(CN)_2]^-$ 的 $K_f^{\ominus}=1.26\times10^{21}$）

（8）根据溶度积规则，沉淀溶解的必备条件是_____。

（9）将 0.62g 某试样溶于 100g 水中，溶液的凝固点为-0.186℃，则该试样的相对分子质量为_____，在室温下此溶液的渗透压为_____。（水的 $K_f=1.86K\cdot kg/mol$）

（10）某温度下 PbI_2 在水中溶解度为 1.35×10^{-3} mol/dm³，则在此温度下 PbI_2 的 $K_{sp}^{\ominus}(PbI_2)=$_____。

（11）一定温度下，在 $CaCO_3$ 饱和溶液中，加入 Na_2CO_3 溶液，结果降低了 $CaCO_3$ 的_____，这种现象称为_____。

4. 计算题（每题 5 分，共 40 分）

（1）19℃时，$CCl_4(M_r=154)$ 的蒸气压 $p^*=11401Pa$，当在 50g CCl_4 中溶解有 0.12g 某难挥发不解离的有机化合物时，该溶液的蒸气压为 $p=11331Pa$，试计算此有机化合物的

相对分子质量 M_r 为多少。

（2）25℃时，将 0.010mol/dm³ 的 NaOH 溶液与 0.020mol/dm³ 的 $FeCl_3$ 溶液等体积混合，试通过计算说明有无 $Fe(OH)_3$ 沉淀产生？（已知 $K_{sp}^{\ominus}\{Fe(OH)_3\}=2.64\times10^{-37}$）

（3）已知由 H_2CO_3-HCO_3^- 组成的缓冲溶液，其中 $c(H_2CO_3)=1.25\times10^{-3}\,mol/dm^3$，$c(HCO_3^-)=2.5\times10^{-2}\,mol/dm^3$，求此缓冲溶液的 pH 值。（已知 H_2CO_3：$K_{a1}^{\ominus}=4.3\times10^{-7}$，$K_{a2}^{\ominus}=5.61\times10^{-11}$）

（4）已知某二元弱酸 H_2B 的 $K_{a1}^{\ominus}=4.2\times10^{-7}$，$K_{a2}^{\ominus}=5.0\times10^{-11}$。试计算浓度为 0.10mol/L 的 H_2B 溶液中，HB^-、B^{2-} 及 H^+ 的平衡浓度。

（5）已知 $K_a^{\ominus}(HCN)=7.2\times10^{-10}$，计算 0.20mol/L NaCN 溶液的 $c(OH^-)$ 和水解度 α。

（6）欲配制 450mL，pH=4.70 的缓冲溶液，取实验室中 0.10mol/L 的 HAc 和 0.10mol/L 的 NaOH 溶液各多少混合即成？已知 HAc 的解离常数 $K_a^{\ominus}=1.76\times10^{-5}$。

（7）25℃时，将 0.010mol 的 $AgNO_3$ 固体溶于 1.0L 0.030mol/L 的氨水中（设体积仍为 1.0L），计算该溶液中游离的 Ag^+、NH_3 和配离子 $[Ag(NH_3)_2]^+$ 的浓度。{已知 $K_f^{\ominus}([Ag(NH_3)_2]^+)=1.67\times10^7$}

（8）根据 AgI 的溶度积 $K_{sp}^{\ominus}=8.3\times10^{-17}$，计算：

1）AgI 在纯水中的溶解度（g/L）；

2）在 0.0010mol/L KI 溶液中 AgI 的溶解度（g/L）；

3）在 0.010mol/L $AgNO_3$ 溶液中 AgI 的溶解度（g/L）。

（二）第二章自测题参考答案

1. 是非题（每题 1 分，共 10 分）

（1）×；（2）×；（3）√；（4）×；（5）×；（6）×；（7）×；（8）×；（9）√；（10）×。

2. 选择题（每题 2 分，共 30 分）

（1）C；（2）B；（3）B；（4）D；（5）A；（6）B；（7）C；（8）A；（9）B；（10）A；（11）D；（12）C；（13）A；（14）A；（15）B。

3. 填空题（每空 1 分，共 20 分）

（1）1×10^{-6}；大；大；不变。

（2）H_3BO_3、NH_4^+、$HC_2O_4^-$；$HC_2O_4^-$、S^{2-}；$HC_2O_4^-$。

（3）900。

（4）$[Co(NH_3)_5(H_2O)]Cl_3$；NH_3、N。

（5）1.3×10^{-4}；1.8×10^{-6}。

（6）AgCl、AgBr、AgI。

（7）1.0×10^7。

（8）离子积小于溶度积。

（9）62；248kPa（2.5×10^2kPa）。

（10）9.84×10^{-9}。

（11）溶解度；同离子效应。

4. 计算题（每题 5 分，共 40 分）

（1）设该溶质的摩尔质量为 $M(g/mol)$

$$\Delta p = p^* \times \frac{n_A}{n_A + n_B} \qquad\qquad 2\text{分}$$

$$70\text{Pa} = 11401 \times \frac{0.12/M}{0.12/M + 50/154}\text{Pa} \qquad\qquad 4\text{分}$$

所以 $M_r = M = 60$ 5分

（2）$c(OH^-) = 0.0050\text{mol}/\text{dm}^3 \qquad c(Fe^{3+}) = 0.010\text{mol}/\text{dm}^3$ 1分

$\{c(Fe^{3+})/c^\ominus\} \cdot \{c(OH^-)/c^\ominus\}^3 = 0.010 \times 0.0050^3 = 1.2 \times 10^{-9} > K_{sp}^\ominus\{Fe(OH)_3\}$

     4分

所以有 $Fe(OH)_3$ 沉淀生成。   5分

（3）$\text{pH} = \text{p}K_{a1}^\ominus - \lg\{[c(\text{酸})/c^\ominus]/[c(\text{碱})/c^\ominus]\}$ 3分

$$= 6.37 - \lg\frac{1.25 \times 10^{-3}}{2.5 \times 10^{-2}} = 7.67 \qquad\qquad 5\text{分}$$

（4）$c(H^+) = c(HB^-) = \sqrt{K_{a1}^\ominus c} = \sqrt{4.2 \times 10^{-7} \times 0.10} = 2.0 \times 10^{-4}\text{mol}/\text{L}$ 4分

$c(B^{2-}) = K_{a2}^\ominus = 5.0 \times 10^{-11}$ 5分

（5）$c(OH^-) = \sqrt{K_b^\ominus c} = \sqrt{\dfrac{K_w^\ominus}{K_a^\ominus}c} = \sqrt{\dfrac{10^{-14} \times 0.20}{7.2 \times 10^{-10}}} = 1.7 \times 10^{-3}\text{mol}/\text{L}$ 4分

$$\alpha = \frac{c(OH^-)}{c} = 0.85\% \qquad\qquad 5\text{分}$$

（6）设 $V(NaOH) = x\text{mL}$，则 $V(HAc) = (450-x)\text{mL}$。

因 NaOH 与 HAc 生成 NaAc，最终缓冲溶液中 NaAc 的摩尔数为 $0.1x \times 10^{-3}$，HAc 的摩尔数为 $0.1(450-2x) \times 10^{-3}$。   1分

根据缓冲溶液的计算公式，$\text{pH} = \text{p}K_a^\ominus + \lg\dfrac{c_b}{c_a} = \text{p}K_a^\ominus(\text{HAc}) + \lg\dfrac{c(\text{NaAc})}{c(\text{HAc})}$。   3分

代入数据 $4.70 = 4.75 + \lg\dfrac{x}{450-2x}$，解得 $x = 145$。   4分

所以 $V(HAc) = 305\text{mL}$，$V(NaOH) = 145\text{mL}$。   5分

（7）因 $K_f^\ominus([Ag(NH_3)_2]^+)$ 很大，且 $c(NH_3)$ 过量。可认为 $[Ag(NH_3)_2]^+$ 的生成反应完全，浓度为 $0.010\text{mol}/\text{L}$，再考虑 $[Ag(NH_3)_2]^+$ 的解离。设平衡时 Ag^+ 浓度为 x。

$$Ag^+ \quad + \quad 2NH_3 \quad \Longrightarrow \quad [Ag(NH_3)_2]^+$$

起始时（mol/L）   0 $0.030-0.010\times2$ 0.010

平衡时（mol/L） x $0.010+0.2x$ $0.010-x$ 1分

又因 $K_f^{\ominus}$ 很大，x 很小，则 $0.010-x\approx0.010$，$0.010+0.2x\approx0.010$

$K_f^{\ominus} = c[Ag(NH_3)_2^+]/c(Ag^+)c(NH_3)^2 = 0.010/0.010^2\, x = 1.67\times10^7$ 　　　　3分

$x = c(Ag^+) = 6.0\times10^{-6}mol/L$，$c(NH_3)=0.010mol/L$，$c[Ag(NH_3)_2^+] = 0.010mol/L$

5分

（8）1）$S_1(AgI) = \sqrt{K_{sp}^{\ominus}} = \sqrt{8.3\times10^{-17}} = 9.1\times10^{-9}mol/L = 9.1\times10^{-9}\times235 = 2.1\times10^{-6}g/L$

1分

2）因同离子效应 S 更小，则 $K_{sp}^{\ominus}=S_2(S_2+0.001)\approx S_2\times0.001$

$S_2(AgI) = 8.3\times10^{-17}/0.0010 = 8.3\times10^{-14}mol/L = 8.3\times10^{-14}\times235 = 1.9\times10^{-11}g/L$

3分

3）同理 $K_{sp}^{\ominus} = (S_3+0.01)S_3 \approx 0.01\times S_3$

$S_3(AgI) = 8.3\times10^{-17}/0.010 = 8.3\times10^{-15}mol/L = 8.3\times10^{-15}\times235 = 1.9\times10^{-12}g/L$

5分

第三章 电 化 学

一、学习要求

（1）理解氧化数的概念。

（2）了解原电池的构成及其表示方法，熟悉氧化还原平衡和电极电势的概念，熟练应用能斯特方程计算分压、浓度（含酸度）对电极电势的影响。

（3）掌握氧化还原反应方向的判断。

（4）掌握氧化还原反应进行程度的衡量。

（5）了解分解电压、超电势和电解产物。

初步了解电解和电镀，了解理论分解电压、实际分解电压和超电压、超电势的概念。对于简单盐类水溶液，能够了解电极产物的一般情况。

二、重难点解析

（一）氧化数和化合价两个概念的区别

在化学发展过程中，Frankland 和 Kekule 先后于 1852 年、1856 年发现在化合物中各元素具有一定的结合他种原子数目的能力。1868 年，Wickelhaus 把这种能力称为原子价。此后，"价"的概念有所发展，出现了电价、共价、配价等术语，而氧化数（又称氧化值）则是 Glasston 于 1948 年才提出来的。

氧化数概念是从正负化合价概念分化发展产生的，这既说明它们有历史联系，又表明氧化数和化合价是两个不同的概念。化合价的原意是某种元素的原子与其他元素的原子相化合时两种元素的原子数目之间一定的数量比例关系，所以化合价不应为非整数。例如，在 Fe_3O_4 中，Fe 实际上存在两种价态：+2 和+3 价，其分子组成为：$Fe^{+3}Fe^{+2}[Fe^{+3}O_4]$。后来发现化合价与"键"的性质和数量有关，于是又把化合价分为电价和共价两大类。在离子化合物中，电价数等于离子所带电荷数。例如，$BaCl_2$ 中 Ba^{2+} 为+2 价，Cl^- 为-1 价。在共价化合物中，化合价等于共价数，取决于形成共价键时共用电子对数（指双原子间），共价不分正负。例如，根据化合价的经典概念，Cl—Cl、N≡N 中 Cl 和 N 的化合价分别为 1、3。但是，随着人们对化学键认识的扩展和深入，发现用化学键数目计算原子的化合价有很大的局限性。例如要确定在乙硼烷中 B 以及氢桥键上 H 的化合价就困难了。特别是 20 世纪 60 年代以来发现的一些有机金属配合物（如二茂铁 $Fe(C_5H_5)_2$ 或者二苯铬 $Cr(C_6H_6)_2$ 等），化合价的概念就更难应用了。为此，氧化数的概念应运而生。

1970 年，国际纯粹与应用化学联合会（IUPAC）定义了氧化数。氧化数是指某元素的一个原子在其化合态中的形式电荷数，所以可以为分数。引入氧化数概念后，化合价概念可保持原来原子个数比的意义，而不必使用"平均化合价"等容易使化合价概念模糊的术语了。这也正是氧化数概念在正负化合价概念的基础上区分出来的理由之一。在离子化合物中，简单阴阳离子所带电荷数即为该元素原子的氧化数。在共价化合物中，共用电子对偏向吸引电子能力较强的原子，如在 H—Cl 中 Cl 的形式电荷为-1，H 为+1。单质分子中共用电子对不偏不倚，对氧化数无影响，因此氧化数为 0。

其次，化合价只有整数，而氧化数可以有整数、零、分数或小数。如 Fe_3O_4 中 Fe 的氧化数为+2.6 或者+8/3。例如：

物质	CH_4	CH_3Cl	CH_2Cl_2	$CHCl_3$	CCl_4
C 的化合价	4	4	4	4	4
C 的氧化数	-4	-2	0	+2	+4

又如：

物质	Cl—Cl	N≡N	P_4
元素化合价	1	3	3
元素氧化数	0	0	0

在此，需要特别指出的是，目前中学课本甚至某些科技书中叙述的化合价实为氧化数概念。如"单质的化合价为零""H—Cl 中 H 的化合价为+1，Cl 的化合价为-1""Fe_3O_4 中 Fe 的氧化数为+2.6 或者+8/3"等，在此有必要澄清。当然也有人认为这样处理是对经典化合价概念的修正和发展，但是这么做已经失去"化合价"本有的含义了。按照氧化数概念在配平氧化还原方程式时候是很有用的。

总之，化合价的意义和数值与分子中化学键的类型有关。对于同一物质，其中同一元素的化合价和氧化数两者的数值一般是不同的。对于离子化合物，由一个原子得失电子形成的简单离子的电价正好等于该元素的氧化数。其他离子的电价数与其中元素的氧化数不一定相等。对于共价化合物来说，元素的氧化数与共价数是有区别的。第一，氧化数分正负，且可为分数；共价数不分正负，也不可能为分数。第二，同一物质中同种元素的氧化数和共价数的数值不一定相同。例如，H_2 分子和 N_2 分子中 H 和 N 的氧化数皆为 0，而它们的共价数分别为 1 和 3。在 H_2O_2 分子中 O 的共价数为 2，其氧化数为-1。在 CH_3Cl 中，碳的共价数为 4，碳的氧化数为+2，碳和氧原子之间的共价键数却为 3。

（二）原电池的最大电功和吉布斯自由能

根据吉布斯自由能的定义得知，在恒压等温条件下，当体系发生变化时，体系吉布斯自由能的变化值等于对外所作的最大非体积功，用下式表示：

$$\Delta_{\mathrm{r}} G_{T,p} = - W'_{\max}$$

如果非体积功只有电功一种，则上式又可写为

$$\Delta_{\mathrm{r}} G_{T,p} = - nFE$$

式中，n 为电池输出电荷的物质的量，mol；E 为可逆电池的电动势，V；F 为法拉第常数，$F = 96485 C/mol$。如果可逆电动势为 E 的电池按电池反应式进行到反应进度 $\xi = 1 mol$ 时，吉布斯自由能的变化值可表示为

$$\Delta_{\mathrm{r}} G_{\mathrm{m}} = - nFE/\xi = - nFE$$

式中，n 为电极的氧化或还原反应式中电子的计量系数，是无量纲量；$\Delta_{\mathrm{r}} G_{\mathrm{m}}$ 的单位为 $J/mol（V \cdot C = J）$。

（三）能斯特方程

能斯特方程是联系热力学和电化学的重要桥梁，是本章的学习重点，其形式为

$$E = E^{\ominus} - \frac{RT}{nF} \ln J$$

室温时，将 $T = 298.15 K$，$R = 8.314 J/(mol \cdot K)$，$F = 96485 C/mol$ 代入，并将自然对数 ln 转化为 lg，得到计算常用的形式：

$$E = E^{\ominus} - \frac{0.05917 V}{n} \lg J$$

电池反应的能斯特方程和电极反应的能斯特方程完全一致，只不过对于电池反应，E 为电池电动势，J 为电池反应的反应商；而对于电极反应，E 为电极电势，J 为电极反应（还原半反应）的反应商，电极反应的形式为：氧化型 $+ ne^- =$ 还原型。

综合（二）原电池的最大电功和吉布斯自由能和（三）能斯特方程，可见电化学方法实际上是热力学方法的具体运用，即把热力学语言翻译成电化学语言：化学热力学中的 $\Delta_{\mathrm{r}} G_{\mathrm{m}}$ 通过 $\Delta_{\mathrm{r}} G_{\mathrm{m}} = - nFE$ 翻译为电化学的电池电动势 E，因此判断反应方向的最小自由能原理转化为电池电动势是否大于零的问题，即：

$E > 0$ 即 $\Delta G < 0$，反应正向自发；

$E = 0$ 即 $\Delta G = 0$，反应处于平衡状态；

$E < 0$ 即 $\Delta G > 0$，反应正向非自发（逆过程可自发）。

化学热力学等温式 $\Delta_{\mathrm{r}} G_{\mathrm{m}} = \Delta_{\mathrm{r}} G_{\mathrm{m}}^{\ominus} + RT \ln J$ 翻译为能斯特方程 $E = E^{\ominus} - \dfrac{0.05917 V}{n} \lg J$，并且既可以按照电池考虑，也可以按照电极考虑，从而完成任意状态下氧化还原反应方向的判断。而这种翻译工作的好处是：电池由正极和负极组成，电池反应可以拆成正极反应和负极反应分别考虑，减少了数据量和计算量，简洁明了。

这个翻译工作包括 $K^{\ominus}$ 和 $E^{\ominus}$ 的关系，参见重难点解析（七）。

根据能斯特方程，电极电势 E 除了与电极的本性、温度有关外，还与参加电极反应的各物质的浓度有关。影响电极电势的浓度因素主要包括：电极物质自身浓度变化（见（四）浓差电池），介质酸碱性（见（五）介质对电极电势的影响），生成沉淀、配

合物和弱酸等弱电解质大幅度改变参与电极反应的离子浓度（见（六）相关常数的求算）等。

（四）浓差电池

若组成正极和负极的物质种类相同，但浓度不同，由于电极电势受浓度的影响而不同，这样的两个电极同样可以有效地组成电池。例如如下浓差电池：

$$(-) \mathrm{Cu} \mid \mathrm{Cu^{2+}} (1.0 \times 10^{-4} \mathrm{mol/L}) \parallel \mathrm{Cu^{2+}} (1.0 \mathrm{mol/L}) \mid \mathrm{Cu}(+)$$

其电动势的计算可以先分别计算两极电势，确定正负极，再得到电动势，也可以根据电池反应的能斯特方程直接进行计算。

（1）电极电势法

$$E_{正} = E^{\ominus} (\mathrm{Cu^{2+}/Cu}) = 0.3419\mathrm{V}$$

$$E_{负} = E^{\ominus} (\mathrm{Cu^{2+}/Cu}) - 1/2 \times 0.05917\mathrm{V} \times \lg \frac{1}{c(\mathrm{Cu^{2+}})/c^{\ominus}} = 0.3419\mathrm{V} - 0.05917\mathrm{V} \times 2$$

$$= 0.224\mathrm{V}$$

其浓差电池的电动势 $E = E_{正} - E_{负} = 0.118\mathrm{V}$。

电池反应为：　　　$\mathrm{Cu^{2+}} (1.0 \mathrm{mol/L}) = \mathrm{Cu^{2+}} (1.0 \times 10^{-4} \mathrm{mol/L})$

从浓度扩散角度考虑，上述电池反应表示 $\mathrm{Cu^{2+}}$ 从浓度高的一极向浓度低的一极扩散（注意这种扩散实际上是通过电极放电进行的），显然这是自发进行的。

（2）电池电动势法

按照电池反应的能斯特方程来计算，也可以得到上面的结果，注意反应商 J 的写法。浓差电池的标准电池电动势为零。

$$E = E^{\ominus} - 1/2 \times 0.05917\mathrm{V} \times \lg J$$

$$= 0\mathrm{V} - 1/2 \times 0.05917\mathrm{V} \times \lg \frac{1.0 \times 10^{-4}}{1.0} = 0.118\mathrm{V}$$

（五）介质对电极电势的影响

介质酸碱性对电极电势的影响是巨大的，因为其化学计量数较大，并且浓度可以在很大范围内改变。

例如：已知电对 $\mathrm{Cr_2O_7^{2-}/Cr^{3+}}$ 的标准电极电势 $E^{\ominus} = 1.33\mathrm{V}$，通过计算判断当 $\mathrm{pH} = 7.0$ 时，$\mathrm{Cr_2O_7^{2-}}$ 能否把 $\mathrm{Br^-}$ 氧化为单质 $\mathrm{Br_2}$。已知 $E^{\ominus} (\mathrm{Br_2/Br^-}) = 1.08\mathrm{V}$。

由于在酸性标准条件下 $E^{\ominus} (\mathrm{Cr_2O_7^{2-}/Cr^{3+}}) > E^{\ominus} (\mathrm{Br_2/Br^-})$，故 $\mathrm{Cr_2O_7^{2-}}$ 可以把 $\mathrm{Br^-}$ 氧化为 $\mathrm{Br_2}$。但是当 pH 值改变时，$\mathrm{Cr_2O_7^{2-}}$ 的氧化能力发生变化，是否还能够氧化需要具体计算。

电极反应：　　　$\mathrm{Cr_2O_7^{2-}} + 14\mathrm{H^+} + 6\mathrm{e^-} = 2\mathrm{Cr^{3+}} + 7\mathrm{H_2O}$

根据能斯特方程：

$$E(\mathrm{Cr_2O_7^{2-}/Cr^{3+}}) = E^{\ominus} (\mathrm{Cr_2O_7^{2-}/Cr^{3+}}) - \frac{0.05917\mathrm{V}}{6} \lg \frac{c(\mathrm{Cr^{3+}})^2}{c(\mathrm{Cr_2O_7^{2-}}) \cdot c(\mathrm{H^+})^{14}}$$

$$= 1.33\mathrm{V} - \frac{0.05917\mathrm{V}}{6} \lg \frac{1}{(10^{-7})^{14}}$$

$$= 0.36\mathrm{V}$$

故 pH=7 时 $Cr_2O_7^{2-}$ 不能氧化 Br^-。

（六）相关常数的求算（选学）

溶度积常数、配合物的稳定常数、弱电解质的解离平衡常数和水的离子积等，涉及溶液中的离子浓度非常小，如果采用测量浓度进而计算平衡常数的方法显然误差很大，而电化学的测量可以非常精确，因此大部分的常数是采用电化学的方法得到的。

例如：已知 $E^{\ominus}(Ag^+/Ag)=0.799V$，向 Ag^+ 电极的溶液中加入 $Na_2Cr_2O_4$ 固体至 $Cr_2O_4^{2-}$ 浓度为 $1.0mol/dm^3$，测得电极电势为 $0.445V$。计算 $Ag_2Cr_2O_4$ 的溶度积常数为 $K_{sp}^{\ominus}$。

向 Ag^+ 电极的溶液中加入 $Na_2Cr_2O_4$ 固体时产生沉淀，Ag^+ 浓度降低，其浓度大小由 $Cr_2O_4^{2-}$ 浓度决定，同时表现为电极电势的变化。对于 Ag^+/Ag 电极，根据能斯特方程：

$$E(Ag^+/Ag)=E^{\ominus}(Ag^+/Ag)-\frac{0.05917V}{1}lg\frac{1}{c(Ag^+)}$$

求得 $c(Ag^+)=1.06\times10^{-6}mol/dm^3$。

$$K_{sp}^{\ominus}=c(Ag^+)^2\cdot c(Cr_2O_4^{2-})=(1.06\times10^{-6})^2\times1.0=1.12\times10^{-12}$$

电动势和电极电势测量可准确至毫伏、微伏级，以此测得的各种常数具有很高的准确性。

实际上本例中加入 $Na_2Cr_2O_4$ 后形成的电极称为难溶盐电极，电对为 $Ag_2Cr_2O_4/Ag$，电极反应为

$$Ag_2Cr_2O_4+2e^-\Longrightarrow Ag+Cr_2O_4^{2-}$$

$E^{\ominus}(Ag_2Cr_2O_4/Ag)=0.445V$（请自行思考）。

（七）电动势与电极电势的应用

1. 判断氧化剂和还原剂的相对强弱

电极电势 E 值的高低可用来判断氧化剂和还原剂的相对强弱。E 值越高，电对的氧化态是越强的氧化剂；E 值越低，电对的还原态是越强的还原剂。

2. 判断氧化还原反应进行的方向

将反应设计成原电池，计算其电动势 E。$E>0$，正向自发；$E<0$，逆向自发。

3. 判断氧化还原反应进行的程度

氧化还原反应进行的程度可用其标准平衡常数来衡量。若电池反应中各参加反应的物质都处于标准状态，则

$$\Delta_r G_m^{\ominus}=-nFE^{\ominus} \qquad 又 \qquad \Delta_r G_m^{\ominus}=-RTlnK^{\ominus}$$

合并上述两式，得

$$lnK^{\ominus}=\frac{nFE^{\ominus}}{RT}$$

298K 时

$$lgK^{\ominus}=\frac{nE^{\ominus}}{0.05917V}$$

从求 $K^{\ominus}$ 的计算式也可以看出，正、负极标准电势值相差越大，即标准状态时电池电动势越大，平衡常数也越大，反应进行得彻底。因此，可以直接用 $K^{\ominus}$ 值的大小来估计反

应进行的程度。按一般标准，平衡常数 $K^\ominus = 10^6$，反应向右进行的程度就算相当完全了。一般来说（若在反应中转移的电子数为 2），对应的 $E^\ominus > 0.2V$。这是一个直接从电势的大小来衡量氧化还原反应进行程度的有用数据。必须指出的是，用标准电极电势 $E^\ominus$ 来判断氧化还原反应的方向，一般只适用于组成原电池的电动势较大的场合（$E^\ominus > 0.2V$）。如果电动势较小（$E^\ominus < 0.2V$），则综合考虑浓度、酸度、温度对电极电势的影响。

（八）电解、超电势与电解产物（选学）

1. 电解与电镀

电解是环境对系统做电功的电化学过程，在电解过程中，电能转变为化学能。

按照能斯特方程计算得到的电极电势，是在电极几乎没有电流通过条件下的平衡电极电势。但当有可觉察量的电流通过电极时，电极的电极电势会与上述的平衡电势有所不同。这种电极电势偏离了没有电流通过时的平衡电极电势值的现象，在电化学上称为极化。电解池中实际分解电压与理论分解电压之间的偏差，除因电阻所引起的电压降以外，就是由电极的极化引起的。

电极极化包括浓差极化和电化学极化两个方面。

有显著大小的电流通过时电极的电势与没有电流通过时电极的电势之差的绝对值被定义为电极的超电势 η。即

$$\eta = |\eta(\text{实}) - \eta(\text{理})|$$

电解时电解池的实际分解电压 $E(\text{实})$ 与理论分解电压 $E(\text{理})$ 之差称为超电压 $E(\text{超})$，即 $E(\text{超}) = E(\text{实}) - E(\text{理})$。

显然，超电压与超电势之间的关系为：$E(\text{超}) = \eta(\text{阳}) + \eta(\text{阴})$。

影响超电势的因素主要有以下三个方面：

（1）电解产物。金属超电势较小，气体的超电势较大，而氢气、氧气的超电势则更大。

（2）电极材料和表面状态。同一电解产物在不同电极上的超电势数值不同，且电极表面状态不同时超电势数值也不同。

（3）电流密度。随着电流密度增大，超电势增大，使用超电势的数据时，必须指明电流密度的数值或具体条件。

电极上超电势的存在使得电解所需要的外加电压增大，消耗更多的能源，因此人们常常设法降低超电势。

2. 电解时两极的产物

如果电解的是熔融盐，电极采用铂或石墨等惰性电极，则电极产物只可能是熔融盐的正、负离子分别在阴、阳两极上进行还原和氧化后所得的产物。例如，电解熔融 $CuCl_2$，在阴极得到金属铜，在阳极得到氯气。

如果电解的是盐类的水溶液，电解液中除了盐类离子外还有 H^+ 和 OH^- 离子存在，电解时究竟是哪种离子先在电极上析出则要区分对待。

从热力学角度考虑，在阳极上进行氧化反应的首先是考虑超电势因素后的实际析出电势代数值较小的还原态物质；在阴极上进行还原反应的首先是考虑超电势因素后的实际析出电势代数值较大的氧化态物质。

一般的，简单盐类水溶液电解产物的规律如下：

阴极析出的物质：

（1）电极电势代数值比 $E(H^+/H_2)$ 大的金属正离子首先在阴极还原析出。

（2）一些电极电势代数比 $E(H^+/H_2)$ 小的金属正离子（如 Zn^{2+}、Fe^{2+} 等），则由于 H_2 的超电势较大，这些金属正离子的析出电势仍可能大于 H^+ 的析出电势（可小于 $-1.0V$），因此这些金属也会首先在阴极还原析出。

（3）电极电势很小的金属离子（如 Na^+、K^+、Mg^{2+}、Al^{3+} 等），在阴极不易被还原，而总是水中的 H^+ 被还原成 H_2 而析出。

阳极析出的物质：

（1）金属材料（除 Pt 等惰性电极外，如 Zn 或 Cu、Ag 等）作阳极时，金属阳极首先被氧化成金属离子溶解。

（2）用惰性材料做电极时，溶液中存在 S^{2-}、Br^-、Cl^- 等简单负离子时，如果从标准电极电势数值来看，$E^{\ominus}(O_2/OH^-)$ 比它们的小，似乎应该是 OH^- 在阳极上易于被氧化而产生氧气。然而由于 OH^- 浓度对 $E(O_2/OH^-)$ 的影响较大，再加上 O_2 的超电势较大，OH^- 析出电势可以大于 $1.7V$，甚至还要大。因此在电解 S^{2-}、Br^-、Cl^- 等简单负离子时，在阳极可以优先析出 S、Br_2、Cl_2。

（3）用惰性阳极且溶液中存在复杂离子如 SO_4^{2-} 等时，由于其电极电势 $E^{\ominus}(SO_4^{2-}/S_2O_8^{2-})=+2.01V$，比 $E^{\ominus}(O_2/OH^-)$ 还要大，因而一般都是 OH^- 在阳极上易于被氧化而产生氧气。

也就是说，在阳极，OH^- 只比含氧酸根离子易于放电。

三、例题解析

【例 3-1】　写出电池：$Al(s)\,|\,Al^{3+}(0.01mol/L)\,\|\,Cl^-(0.02mol/L)\,|\,Cl_2(p^{\ominus})\,|\,Pt(s)$ 在 298.15K 时电池电动势的表达式。

解：（方法 1）从电极电势 Nernst 公式出发：

负极：$Al^{3+}(0.01mol/L)+3e^-\longrightarrow Al(s)$　　$E_{负}=E^{\ominus}(Al^{3+}/Al)-\dfrac{RT}{3F}\ln\dfrac{1}{c(Al^{3+})/c^{\ominus}}$

正极：$1/2Cl_2(p^{\ominus})+e^-\longrightarrow Cl^-(0.02mol/L)$　$E_{正}=E^{\ominus}(Cl_2/Cl^-)-\dfrac{RT}{F}\ln[c(Cl^-)/c^{\ominus}]$

电池电动势表达式为　$E=E_{正}-E_{负}=E^{\ominus}-\dfrac{RT}{3F}\ln\left\{\dfrac{c(Al^{3+})}{c^{\ominus}}\left[\dfrac{c(Cl^-)}{c^{\ominus}}\right]^3\right\}$

其中　　　　　　　$E^{\ominus}=E^{\ominus}(Cl_2/Cl^-)-E^{\ominus}(Al^{3+}/Al)$

（方法 2）从电池电动势 Nernst 公式出发：

写出电池反应的方程式：

$$2Al(s) + 3Cl_2(p^{\ominus}) == 2Al^{3+}(0.01mol/L) + 6Cl^-(0.02mol/L) \quad (n=6)$$

根据 Nernst 公式电池电动势为

$$E = E_{正} - E_{负} = E^{\ominus} - \frac{RT}{6F}\ln\left\{\left[\frac{c(Al^{3+})}{c^{\ominus}}\right]^2\left[\frac{c(Cl^-)}{c^{\ominus}}\right]^6\right\}$$

所以上式可以简化为

$$E = E^{\ominus} - \frac{RT}{3F}\ln\left\{\left[\frac{c(Al^{3+})}{c^{\ominus}}\right]\left[\frac{c(Cl^-)}{c^{\ominus}}\right]^3\right\}$$

使用 lg：

$$E = E^{\ominus} - \frac{0.05917V}{3}\lg\left\{\left[\frac{c(Al^{3+})}{c^{\ominus}}\right]\left[\frac{c(Cl^-)}{c^{\ominus}}\right]^3\right\}$$

这说明电池电动势的大小与电池反应方程式的书写无关，还说明从电极反应的 Nernst 公式或从电池反应的 Nernst 公式计算电池电动势的结果是一致的。

【例 3-2】 试判断下列反应自发进行的方向：

（1）在标准状态下，$2Fe^{3+}+2Br^- \rightleftharpoons 2Fe^{2+}+Br_2$。

（2）Sn^{2+}能否将 Fe^{3+} 还原成 Fe^{2+}？

解： 对于（1）反应，首先将此氧化还原反应分成两个电极反应，查出 $E^{\ominus}$ 值。

$$Fe^{3+} + e^- \longrightarrow Fe^{2+} \quad E^{\ominus} = +0.771V$$
$$Br_2 + 2e^- \longrightarrow Br^- \quad E^{\ominus} = +1.066V$$

把此两个电极反应组成题目中电池反应要求的原电池，$E(Fe^{3+}/Fe^{2+})$ 为正极，$E(Br_2/Br^-)$ 为负极，电池的标准电极电势为

$$K^{\ominus} = E_+^{\ominus} - E_-^{\ominus} = 0.771 - 1.066 = -0.295V$$

由于 $E^{\ominus}<0$，$\Delta_rG^{\ominus}>0$，所以此氧化还原反应在标准状态下不能自发进行，逆向自发进行。

对于（2）反应，首先将 Sn^{2+} 将 Fe^{3+} 还原成 Fe^{2+} 的氧化还原反应式写出来：

$$2Fe^{3+} + Sn^{2+} \rightleftharpoons Sn^{4+} + 2Fe^{2+}$$

将此电池反应分成两个电极反应，其中 $E(Fe^{3+}/Fe^{2+})$ 为正极，$E(Sn^{4+}/Sn^{2+})$ 为负极，查出 $E^{\ominus}$ 值，查表结果如下：

$$Fe^{3+} + e^- \longrightarrow Fe^{2+} \quad E^{\ominus} = +0.771V$$
$$Sn^{4+} + 2e^- \longrightarrow Sn^{2+} \quad E^{\ominus} = +0.151V$$

由于 $E_+^{\ominus}>E_-^{\ominus}$，$E^{\ominus}=0.620V>0$，$\Delta_rG^{\ominus}<0$，所以此氧化还原反应向右自发地进行，即 Sn^{2+} 能将 Fe^{3+} 还原成 Fe^{2+}。由于 $E^{\ominus}$ 较大，可不考虑浓度的影响。

【例 3-3】 在 298K 下，通过计算说明使用 $K_2Cr_2O_7$ 和浓 HCl 反应制备氯气的可能性。除浓 HCl 外，其余物质处在标准态。

解： 正极： $$Cr_2O_7^{2-} + 14H^+ + 6e^- == 2Cr^{3+} + 7H_2O$$

$$E(Cr_2O_7^{2-}/Cr^{3+}) = E^{\ominus}(Cr_2O_7^{2-}/Cr^{3+}) - \frac{0.05917V}{6}lg\frac{[c(Cr^{3+})/c^{\ominus}]^2}{[c(Cr_2O_7^{2-})/c^{\ominus}][c(H^+)/c^{\ominus}]^{14}}$$

$$= 1.33V - \frac{0.05917V}{6}lg\frac{1}{12.1^{14}}$$

$$= 1.48V$$

负极：
$$Cl_2 + 2e^- \Longrightarrow 2Cl^-$$

$$E(Cl_2/Cl^-) = E^{\ominus}(Cl_2/Cl^-) - \frac{0.05917V}{2}lg\frac{[c(Cl^-)/c^{\ominus}]^2}{p(Cl_2)/p^{\ominus}}$$

$$= 1.36 - 0.05917lg12.1$$

$$= 1.30V$$

$E = E(Cr_2O_7^{2-}/Cr^{3+}) - E(Cl_2/Cl^-) = 0.18V > 0$，反应正向进行，可以用 $K_2Cr_2O_7$ 和浓 HCl 反应制备氯气。

或者根据电池反应：
$$Cr_2O_7^{2-} + 14H^+ + 6Cl^- \Longrightarrow 2Cr^{3+} + 3Cl_2 + 7H_2O$$

$$E = E^{\ominus} - \frac{0.05917V}{6}lgJ$$

$$= E^{\ominus}(Cr_2O_7^{2-}/Cr^{3+}) - E^{\ominus}(Cl_2/Cl^-) - \frac{0.05917V}{6}lg\frac{[c(Cr^{3+})/c^{\ominus}]^2[p(Cl_2)/p^{\ominus}]^3}{[c(Cr_2O_7^{2-})/c^{\ominus}][c(Cl^-)/c^{\ominus}]^6[c(H^+)/c^{\ominus}]^{14}}$$

$$= 0.18V$$

【例3-4】 判断 $2Fe^{3+} + 2I^- \rightleftharpoons 2Fe^{2+} + I_2$ 在标准状态下和 $c(Fe^{3+}) = 0.001mol/L$，$c(I^-) = 0.001mol/L$，$c(Fe^{2+}) = 1.0mol/L$ 时反应方向如何？

解： 在标准状态：$E^{\ominus}(I_2/I^-) = 0.536V$，$E^{\ominus}(Fe^{3+}/Fe^{2+}) = 0.771V$。

$$E^{\ominus} = E^{\ominus}_+ - E^{\ominus}_-$$
$$= E^{\ominus}(Fe^{3+}/Fe^{2+}) - E^{\ominus}(I_2/I^-)$$
$$= 0.771 - 0.536 = 0.235V > 0$$

反应方向为正向，即 Fe^{3+} 把 I^- 氧化为 I_2。

在非标准状态：

$$E(Fe^{3+}/Fe^{2+}) = E^{\ominus}(Fe^{3+}/Fe^{2+}) - \frac{0.05917V}{1}lg\frac{c(Fe^{2+})}{c(Fe^{3+})}$$

$$= 0.771 - 0.0597lg\frac{1.0}{1.0\times10^{-3}} = 0.595V$$

$$E(I_2/I^-) = E^{\ominus}(I_2/I^-) - \frac{0.05917V}{2}lg[c(I^-)]^2 = 0.536 - 0.0597lg0.0010 = 0.714V$$

$E = 0.595 - 0.714 = -0.119V < 0$

反应逆向进行：$2Fe^{2+} + I_2 \rightleftharpoons 2Fe^{3+} + 2I^-$，即 I_2 把 Fe^{2+} 氧化为 Fe^{3+}。

【例3-5】 求电池反应 $Sn + Pb^{2+} \rightleftharpoons Sn^{2+} + Pb$ 在298K时的标准平衡常数。

解：上述反应可设计成下列标准电池：

$$(-)Sn\,|\,Sn^{2+}(c=1mol/L)\,\|\,Pb^{2+}(c=1mol/L)\,|\,Pb(+)$$

由标准电极电势表查得数据：$E^{\ominus}(Sn^{2+}/Sn)=-0.138V$，$E^{\ominus}(Pb^{2+}/Pb)=-0.126V$。

$$E^{\ominus}=E^{\ominus}_+-E^{\ominus}_-=(-0.126V)-(-0.138V)=0.012V$$

298K 时　　　　　　$\lg K^{\ominus}=\dfrac{nE^{\ominus}}{0.05917V}$　　　$\lg K^{\ominus}=\dfrac{2\times0.012}{0.05917}=0.41$

$$K^{\ominus}=2.6$$

因此将 Sn 插到 1mol/L 的 Pb^{2+} 溶液中，平衡时 $c(Sn^{2+})/c(Pb^{2+})=2.6$。

【例 3-6】**　298K 时，在 Ag^+/Ag 电极中加入过量 I^-，设达到平衡时 $c(I^-)=0.10mol/L$，另一个电极为 Cu^{2+}/Cu，$c(Cu^{2+})=0.010mol/L$，现将两电极组成原电池，写出电池的符号、电池反应式。已知 $E^{\ominus}_{Ag^+/Ag}=0.80V$，$E^{\ominus}_{Cu^{2+}/Cu}=0.34V$，$K^{\ominus}_{sp,AgI}=1.0\times10^{-18}$。

解：欲写电池符号，需先确定正负极，即需要计算电极电势。

根据 Nernst 方程：

Ag^+/Ag 电极：$E_{Ag^+/Ag}=E^{\ominus}_{Ag^+/Ag}-0.05917V\times\lg\dfrac{1}{c_{Ag^+}}=E^{\ominus}_{Ag^+/Ag}-0.05917V\times\lg\dfrac{c_{1-}}{K^{\ominus}_{sp}}$

$$=-0.20V$$

Cu^{2+}/Cu 电极：$E_{Cu^{2+}/Cu}=E^{\ominus}_{Cu^{2+}/Cu}-\dfrac{0.05917V}{2}\lg\dfrac{1}{c_{Cu^{2+}}}=0.28V$

故 Cu^{2+}/Cu 电极为正极，Ag^+/Ag 电极为负极。符号为

$$(-)Ag\,|\,AgI\,|\,I^-(0.10mol/dm^3)\,\|\,Cu^{2+}(0.010mol/dm^3)\,|\,Cu(+)$$

电池反应为：$Cu^{2+}(0.010mol/dm^3)+2Ag+2I^-(0.10mol/dm^3)\Longrightarrow Cu+2AgI$

可见，在 I^- 存在的情况下，Cu^{2+} 可以把单质 Ag 氧化为 Ag^+（AgI 的形式），而不是通常的 Cu 置换 Ag。所以在确定正负极时，需要具体计算，不能根据标准电极电势的相对大小直接确定。

四、第三章课后习题简明答案

3-1　(1) ×；(2) ×；(3) √；(4) ×；(5) ×；(6) √；(7) ×；(8) √；
　　　(9) √。

3-2　(1) A；(2) D；(3) C；(4) A；(5) B；(6) B；(7) B。

3-3　(1) 正极：$Fe^{2+}+2e^-=Fe$　　　　　　负极：$Zn-2e^-=Zn^{2+}$

　　　(2) 正极：$2Fe^{3+}+2e^-=2Fe^{2+}$　　　　负极：$2I^--2e^-=I_2$

　　　(3) 正极：$Sn^{4+}+2e^-=Sn^{2+}$　　　　负极：$Ni-2e^-=Ni^{2+}$

3-4　(1) $(-)Zn\,|\,Zn^{2+}\,\|\,Fe^{2+}\,|\,Fe(+)$

　　　(2) $(-)Pt\,|\,I^-\,|\,I_2\,\|\,Fe^{3+},Fe^{2+}\,|\,Pt(+)$

　　　(3) $(-)Ni\,|\,Ni^{2+}\,\|\,Sn^{4+},Sn^{2+}\,|\,Pt(+)$

3-5 （1） $K^{\ominus}=2.4087$；（2） 略；（3） 0.133mol/dm^3。

3-6 $K^{\ominus}=4.27\times10^{10}$；$c(\text{Fe}^{2+})/c(\text{Zn}^{2+})=2.3\times10^{-11}$。

3-7 （1） 向左；（2） 向左；（3） 向右。

3-8 （1） 不自发；（2） 不自发。

3-9 （1） 0.2355V；（2） 45.4kJ/mol；（3） $(-)\text{Pt},\text{I}_2|\text{I}^-\parallel\text{Fe}^{3+},\text{Fe}^{2+}|\text{Pt}(+)$；
（4） 0.1763V。

3-10 -0.257V。

3-11 $E^{\ominus}(\text{Zn}^{2+}/\text{Zn})=-0.762\text{V}$。

3-12 （1） $(-)\text{Zn}|\text{Zn}^{2+}(0.5\text{mol/dm}^3)\parallel\text{Cu}^{2+}(0.2\text{mol/dm}^3)|\text{Cu}(+)$；$\Delta_\text{r}G_\text{m}^{\ominus}=-211\text{kJ/mol}$；
$K^{\ominus}=1.94\times10^{37}$；（2） $(-)\text{Al}|\text{Al}^{3+}(0.3\text{mol/dm}^3)\parallel\text{Ni}^{2+}(0.2\text{mol/dm}^3)|\text{Ni}(+)$；$\Delta_\text{r}G_\text{m}^{\ominus}=$
-808kJ/mol；$K^{\ominus}=2.51\times10^{142}$。

3-13 （1） -0.2817V；（2） 正向：$\text{Cl}_2+\text{Co}=2\text{Cl}^-+\text{Co}^{2+}$；（3） 略；（4） $E=1.70\text{V}$。

3-14 1.78×10^{-10}。

五、第三章自测题及参考答案

（一） 第三章自测题

1. 是非题（每题 1 分，共 16 分）

（1） 电极电势的数值与电池反应中化学计量数的选配及电池反应的方向无关，而平衡常数的数值随反应式的写法（即化学计量数）而变。 （ ）

（2） 取两块铜片，插入盛有不同浓度的 CuSO_4 溶液中，可装置成一浓差电池，Cu^{2+} 浓度较小者为负极。 （ ）

（3） 标准电极电势是指电极的氧化性物质和还原性物质浓度相等时的电势。 （ ）

（4） 对于电极反应：$\text{Pb}^{2+}(\text{aq})+2\text{e}^-\rightleftharpoons\text{Pb}(\text{s})$ 和 $\frac{1}{2}\text{Pb}^{2+}(\text{aq})+\text{e}^-\rightleftharpoons\frac{1}{2}\text{Pb}(\text{s})$，当 Pb^{2+} 浓度均为 1mol/dm^3 时，若将其分别与标准氢电极组成原电池，则它们的电动势相同。
（ ）

（5） 在下列浓差电池中，只有溶液浓度 $a<b$ 时，原电池符号才是正确的。
$$(-)\text{Cu}|\text{Cu}^{2+}(a)\parallel\text{Cu}^{2+}(b)|\text{Cu}(+)$$ （ ）

（6） 已知 $E^{\ominus}(\text{HClO}/\text{Cl}_2)=1.63\text{V}$，$E^{\ominus}(\text{Cl}_2/\text{Cl}^-)=1.36\text{V}$，则反应 $\text{Cl}^-+\text{HClO}\rightarrow\text{Cl}_2+\text{H}_2\text{O}$ 在标准态条件下可以正向自发进行。 （ ）

（7） 计算电极反应 $\text{MnO}_4^-+2\text{H}_2\text{O}+3\text{e}^-=\text{MnO}_2(\text{s})+4\text{OH}^-$ 电极电势的 Nernst 公式的具体形式为 $E=E^{\ominus}+\dfrac{0.05917\text{V}}{3}\lg\{[c(\text{MnO}_4^-)/c^{\ominus}]/[c(\text{OH}^-)/c^{\ominus}]\}$。 （ ）

（8） 金属铁比铜活泼，Fe 可以置换 Cu^{2+}，因而 FeCl_3 不能和铜反应。已知

$E^{\ominus}(Cu^{2+}/Cu) = + 0.3419V$，　$E^{\ominus}(Fe^{2+}/Fe) = - 0.447V$，　$E^{\ominus}(Fe^{3+}/Fe^{2+}) = + 0.771V$。

（　　）

（9）已知 $E^{\ominus}(Li^+/Li) < E^{\ominus}(Na^+/Na)$，即 Li 的还原性比 Na 的强，所以与同一氧化剂发生反应时，Li 的反应速率一定比 Na 的快。（　　）

（10）无论是在原电池中，还是在电解池中，负极都是发生失去电子的氧化反应。

（　　）

（11）电极反应 $O_2+4e^-+2H_2O = 4OH^-$ 与 $2OH^- -2e^- = \dfrac{1}{2}O_2+H_2O$ 所对应的标准电极电势的数值是相同的。（　　）

（12）O_2 是常用的氧化剂，其氧化能力随溶液中 OH^- 离子浓度值的增大而增强。

（　　）

（13）已知电极反应：$Cr_2O_7^{2-}+14H^++6e^- = 2Cr^{3+}+7H_2O$，$E^{\ominus} = 1.33V$，若 $Cr_2O_7^{2-}$ 和 Cr^{3+} 浓度均为 $1.0mol/dm^3$，将 H^+ 离子浓度从 $1.0mol/dm^3$ 减小到 $0.01mol/dm^3$，电极电势值将变小。（　　）

（14）在金属电动序中位置越前的金属越活泼，因而也一定越容易遭受腐蚀。（　　）

（15）对于某电极，如果有 H^+ 或 OH^- 参加反应，则溶液的 pH 值改变将使其电极电势改变。（　　）

（16）下列各半反应所对应的标准电极电势值是相同的。

$$O_2 + 2H_2O + 4e^- = 4OH^-,\ \frac{1}{2}O_2 + H_2O + 2e^- = 2OH^-,\ 2OH^- = \frac{1}{2}O_2 + H_2O + 2e^-$$

（　　）

2. 选择题（每题 2 分，共 20 分）

（1）今有一种含有 Cl^-、Br^-、I^- 三种离子的混合溶液，欲使 I^- 氧化为 I_2，又不使 Br^-、Cl^- 氧化，在常用氧化剂 $Fe_2(SO_4)_3$ 和 $KMnO_4$ 中进行选择，正确的是（　　）

（已知 $E^{\ominus}(Cl_2/Cl^-) = 1.36V$，$E^{\ominus}(Fe^{3+}/Fe^{2+}) = + 0.77V$，$E(Br_2/Br^-) = 1.07V$，$E^{\ominus}(MnO_4^-/Mn^{2+}) = 1.51V$，$E^{\ominus}(I_2/I^-) = 0.54V$）

　　A. $Fe_2(SO_4)_3$　　　　B. $KMnO_4$　　　　C. 两者均可　　　　D. 两者都不行

（2）对于反应：$2MnO_4^-+10Fe^{2+}+16H^+ = 2Mn^{2+}+10Fe^{3+}+8H_2O$，有 $\Delta_r G_m^{\ominus} = -nFE^{\ominus}$。其中 n 为（　　）

　　A. 10　　　　　　B. 5　　　　　　C. 1　　　　　　D. 2

（3）利用下列反应组成原电池时，不需惰性电极的是（　　）

　　A. $H_2+Cl_2 = 2HCl$　　　　　　　　B. $Zn+Ni^{2+} = Zn^{2+}+Ni$

　　C. $2Hg^{2+}+Sn^{2+}+2Cl^- = Hg_2Cl_2(s)+Sn^{4+}$　　D. $Cu+Br_2 = CuBr_2$

（4）对于反应：$4Al+3O_2+6H_2O = 4Al(OH)_3$，运用公式 $\Delta_r G_m^{\ominus} = -nFE^{\ominus}$ 时，其中 n 为

（　　）

　　A. 1　　　　　　B. 12　　　　　　C. 3　　　　　　D. 4

（5）将反应 $2Fe^{3+}+Cu = 2Fe^{2+}+Cu^{2+}$ 改写为 $Fe^{3+}+\frac{1}{2}Cu = Fe^{2+}+\frac{1}{2}Cu^{2+}$，在标准条件下，比较这两个反应方程式，下列叙述中不正确的是   ( )

  A. 电子得失数不同   B. 组成自发电池时，电动势 $E^{\ominus}$ 相同

  C. $\Delta_r G_m^{\ominus}$ 不同，$K^{\ominus}$ 值也不同   D. 组成原电池时，铜作为正极

（6）当 $p(H_2)=p^{\ominus}$ 时，氢电极（H^+/H_2）的电极电势 E 等于   ( )

  A. $-(0.05917V)pH$ B. $+(0.05917V)pH$

  C. $-\left(\frac{0.05917V}{2}\right)pH$ D. $+\left(\frac{0.05917V}{2}\right)pH$

（7）下列反应中，不属于氧化还原反应的是   ( )

  A. $SnCl_2+2HgCl_2 = SnCl_4+Hg_2Cl_2$ B. $PbO_2+SO_2 = PbSO_4$

  C. $H_2O_2+H_2S = 2H_2O+S$ D. $K_2Cr_2O_7+2KOH = 2K_2CrO_4+H_2O$

（8）$K_2Cr_2O_7$ 与浓盐酸能发生如下反应的最确切理由是   ( )

      $K_2Cr_2O_7 + 14HCl === 2CrCl_3 + 3Cl_2 + 2KCl + 7H_2O$

  （已知 $E^{\ominus}(Cr_2O_7^{2-}/Cr^{3+}) = 1.33V$，$E^{\ominus}(Cl_2/Cl^-) = 1.36V$）

  A. 因为 $E^{\ominus}(Cr_2O_7^{2-}/Cr^{3+}) < E^{\ominus}(Cl_2/Cl^-)$

  B. 由于浓 HCl 使 $E(Cr_2O_7^{2-}/Cr^{3+})$ 增大，$E(Cl_2/Cl^-)$ 减小

  C. 由于浓 HCl 中 Cl^- 离子浓度较大，因而使 $E(Cl_2/Cl^-)$ 增大

  D. 由于浓 HCl 使溶液 pH 值降低，有利于 $E(Cr_2O_7^{2-}/Cr^{3+})$ 增大

（9）由电对 Cu^{2+}/Cu 与 Zn^{2+}/Zn 组成原电池的 $E^{\ominus}=1.10V$，如往铜半电池中加入少量的 NaOH 溶液，则其电池电动势   ( )

  A. 大于 1.10V   B. 小于 1.10V   C. 不变   D. 等于 0V

（10）已知 $E^{\ominus}(Sn^{4+}/Sn^{2+}) = 0.15V$，由反应 $2HgCl_2+SnCl_2 = SnCl_4+Hg_2Cl_2$ 组成原电池，其标准电动势 $E^{\ominus}=0.48V$，则 $E^{\ominus}(HgCl_2/Hg_2Cl_2)$ 等于   ( )

  A. 0.33V   B. 0.78V   C. 0.315V   D. 0.63V

3. 填空题（共 16 分）

（1）（本小题 2 分）　根据电极反应式写出电极反应的能斯特方程式：

$MnO_2(s) + 4H^+(aq) + 2e^- \rightarrow Mn^{2+}(aq) + 2H_2O(l)$，＿＿＿＿＿＿＿＿＿＿

$MnO_4^-(aq) + 8H^+(aq) + 5e^- \rightarrow Mn^{2+}(aq) + 4H_2O(l)$，＿＿＿＿＿＿＿＿＿＿

（2）（本小题 2 分）　对于浓差电池：$(-)Ag|AgNO_3(c_1) \| AgNO_3(c_2)|Ag(+)$，其标准电动势 $E^{\ominus}$ 是＿＿＿＿（填写>或者<或者=）0V，该电池正负极 $E_{正}>E_{负}$ 成立的条件是：c_2＿＿＿＿（填写>或者<或者=）c_1。

（3）（本小题 2 分）　在 298.15K 时，反应 $Fe^{3+}+Ag = Fe^{2+}+Ag^+$ 的 $K^{\ominus}=0.323$，已知 $E^{\ominus}(Fe^{3+}/Fe^{2+}) = 0.77V$，则可求得 $E^{\ominus}(Ag^+/Ag)=$＿＿＿＿＿＿。

（4）（本小题 2 分）　写出 $E^{\ominus}(O_2/OH^-)$ 电极电势的电对中的氧化态物质名称＿＿＿＿，该电对中的还原态物质名称是＿＿＿＿＿。

（5）（本小题 7 分）　在铁钉中部紧绕铜丝，放在含有 $K_3[Fe(CN)_6]$ 和酚酞的冻胶中，形成腐蚀电池。其中铜丝为＿＿＿＿＿极，其电极反应式为＿＿＿＿＿＿＿＿＿＿＿＿＿，故铜丝附近显＿＿＿＿色；铁钉为＿＿＿＿极，其电极反应式为＿＿＿＿＿＿＿＿＿＿＿＿＿，铁钉附近显＿＿＿＿色，这是由于生成了＿＿＿＿＿＿。

（6）（本小题 1 分）　将 Fe 片投入 $CuSO_4$ 溶液中，Fe 的氧化产物是＿＿＿＿＿＿。
（已知 $E^{\ominus}(Cu^{2+}/Cu) = 0.34V$，$E^{\ominus}(Fe^{3+}/Fe^{2+}) = 0.77V$，$E^{\ominus}(Fe^{2+}/Fe) = -0.45V$）

4. 计算题（共 48 分）

（1）（本小题 5 分）　已知 $E^{\ominus}(ClO_4^-/ClO_3^-) = 1.19V$，求电极反应 $2H^+ + ClO_4^- + 2e^- \Longrightarrow ClO_3^- + H_2O$，在 25℃，$c(ClO_4^-) = c(ClO_3^-) = 1.0mol/dm^3$ 和 pH = 14 时的电极电势。

（2）（本小题 8 分）　已知：$Ce^{4+} + e^- \Longrightarrow Ce^{3+}$，　　　　$E^{\ominus}(Ce^{4+}/Ce^{3+}) = 1.443V$；

　　　　　　　　　　　　　　 $Hg^{2+} + 2e^- \Longrightarrow Hg$，　　　　$E^{\ominus}(Hg^{2+}/Hg) = 0.851V$。

试回答：1）电池反应式。2）电池图式。3）电池反应的 $K^{\ominus}(298.15K)$。

（3）（本小题 4 分）　计算 25℃时反应的标准平衡常数：$Fe^{2+} + Ag^+ \Longrightarrow Ag + Fe^{3+}$。
（已知 $E^{\ominus}(Fe^{3+}/Fe^{2+}) = 0.771V$，$E^{\ominus}(Ag^+/Ag) = 0.799V$）

（4）（本小题 7 分）　已知 $E^{\ominus}(Cu^{2+}/Cu) = 0.342V$，$E^{\ominus}(Fe^{2+}/Fe) = -0.447V$，求反应 $Cu^{2+} + Fe \Longrightarrow Fe^{2+} + Cu$ 在 25℃时的标准平衡常数。并问当 $c(Cu^{2+}) = 0.10mol/dm^3$，$c(Fe^{2+}) = 1.0mol/dm^3$ 时，反应自发进行的方向。

（5）（本小题 9 分）**　298K 时，在 Ag^+/Ag 电极中加入过量 Br^-，设达到平衡时 $c(Br^-) = 1.0mol/dm^3$，而另一个电极为 Cu^{2+}/Cu，$c(Cu^{2+}) = 0.010mol/dm^3$，现将两电极组成原电池，写出原电池的符号、电池反应式。已知 $E^{\ominus}(Ag^+/Ag) = 0.80V$，$E^{\ominus}(Cu^{2+}/Cu) = 0.34V$，$K_{sp}^{\ominus}(AgBr) = 5.4×10^{-13}$。

（6）（本小题 5 分）　已知反应 $Zn(s) + 2H^+(aq) \Longrightarrow Zn^{2+}(aq) + H_2(g)$ 及 $\Delta_f G_m^{\ominus}(Zn^{2+}, aq, 298.15K) = -147.0kJ/mol$，$F = 96485C/mol$。求 $E^{\ominus}(Zn^{2+}/Zn)$。

（7）（本小题 5 分）　计算 298.15K 时，电对 Cd^{2+}/Cd 和 I_2/I^- 组成的原电池的标准电动势和原电池反应的标准平衡常数。（已知 $E^{\ominus}(Cd^{2+}/Cd) = -0.40V$，$E^{\ominus}(I_2/I^-) = 0.54V$）

（8）（本小题 5 分）　已知 $E^{\ominus}(Cr_2O_7^{2-}/Cr^{3+}) = 1.33V$，$E^{\ominus}(Fe^{3+}/Fe^{2+}) = 0.77V$，按标准态利用此两电对组成原电池，并已知 $F = 96485C/mol$。

1）写出两极半反应式与电池总反应式。

2）25℃时，若消耗 1mol $Cr_2O_7^{2-}$，最多可得到多少电功？

（二）第三章自测题参考答案

1. 是非题（每题 1 分，共 16 分）

（1）+；（2）+；（3）-；（4）+；（5）+；（6）+；（7）-；（8）-；（9）-；
（10）-；（11）+；（12）-；（13）+；（14）-；（15）+；（16）+。

2. 选择题（每题 2 分，共 20 分）

（1）A；（2）A；（3）B；（4）B；（5）D；（6）C；（7）D；（8）B；（9）B；

（10） D。

3. 填空题（共 16 分）

（1） $E(MnO_2/Mn^{2+}) = E^{\ominus}(MnO_2/Mn^{2+}) + \dfrac{0.05917V}{2}\lg\dfrac{[c(H^+)/c^{\ominus}]^4}{[c(Mn^{2+})/c^{\ominus}]}$

$E(MnO_4^-/Mn^{2+}) = E^{\ominus}(MnO_4^-/Mn^{2+}) + \dfrac{0.05917V}{5}\lg\dfrac{[c(MnO_4^-)/c^{\ominus}][c(H^+)/c^{\ominus}]^8}{[c(Mn^{2+})/c^{\ominus}]}$

各 1 分

（2） 等于； 大于 .... 各 1 分

（3） 0.799V .... 2 分

（4） O_2；OH^- .... 各 1 分

（5） 阴；$O_2+2H_2O+4e^-\rightleftharpoons 4OH^-$；红；阳；$Fe\Longrightarrow Fe^{2+}+2e^-$；

蓝；$KFe[Fe(CN)_6]$ 沉淀 .... 各 1 分

（6） Fe^{2+} .... 1 分

4. 计算题（共 48 分）

（1）（本小题 5 分）

$2H^+ + ClO_4^- + 2e^- \Longrightarrow ClO_3^- + H_2O$

$E(ClO_4^-/ClO_3^-) = E^{\ominus} + \dfrac{0.05917V}{2}\lg\{[c(ClO_4^-)/c^{\ominus}][c(H^+)/c^{\ominus}]^2/[c(ClO_3^-)/c^{\ominus}]\}$ ..... 3 分

$= 1.19V + \dfrac{0.05917V}{2}\lg(10^{-14})^2$

$= 0.36V$ .... 2 分

（2）（本小题 8 分）

1） $2Ce^{4+} + Hg \Longrightarrow Hg^{2+} + 2Ce^{3+}$ .... 2 分

2） $(-)Pt|Hg(l)|Hg^{2+}(c^{\ominus})\|Ce^{3+}(c^{\ominus}), Ce^{4+}(c^{\ominus})|Pt(+)$ .... 2 分

3） $E^{\ominus} = E^{\ominus}(Ce^{4+}/Ce^{3+}) - E^{\ominus}(Hg^{2+}/Hg) = 0.592V$ .... 2 分

$\lg K^{\ominus} = nE^{\ominus}/0.05917V = 20.0,\ K^{\ominus} = 1\times 10^{20}$ .... 2 分

（3）（本小题 4 分）

$\lg K^{\ominus} = nE^{\ominus}/0.05917V = 0.473$

$K^{\ominus} = 2.97$ .... 4 分

（4）（本小题 7 分）

$\lg K^{\ominus} = nE^{\ominus}/0.05917V = \dfrac{2\times[0.342-(-0.447)]V}{0.05917V} = 26.7$

$K^{\ominus} = 5\times 10^{26}$ .... 3 分

$E = E^{\ominus} - (0.05917V/2)\lg\{[c(Fe^{2+})/c^{\ominus}]/[c(Cu^{2+})/c^{\ominus}]\}$

$= 0.789V - (0.05917V/2)\lg(1.0/0.10) = 0.759V > 0$ .... 3 分

反应正向自发进行。 .... 1 分

(5)（本小题 9 分）

$E(Cu^{2+}/Cu) = 0.34 - (0.05917V/2)\lg(1/0.010) = 0.28V$　　2 分

$E(Ag^+/Ag) = 0.80 - (0.05917V/1)\lg[c(Br^-)/K_{sp}^{\ominus}]$

　　　　　　$= 0.80 - (0.05917V)\lg[1.0/(5.4 \times 10^{-13})] = 0.07V$　　4 分

所以原电池符号：

Ag，AgBr(s)|Br⁻(1.0mol/dm)‖Cu²⁺(0.010mol/dm³)|Cu(s)　　2 分

电池反应式：　　$2Ag + Cu^{2+} + 2Br^- === 2AgBr + Cu$　　1 分

(6)（本小题 5 分）

$\Delta_r G_m^{\ominus}(298.15K) = \sum \nu \Delta_f G_m^{\ominus}(298.15K) = -147.0kJ/mol$　　1 分

$E^{\ominus} = -\Delta_r G_m^{\ominus}(298.15K)/(nF) = \dfrac{-(-147.0 \times 10^3 J/mol)}{2 \times 96485C/mol} = 0.7618V$　　2 分

$E^{\ominus} = E^{\ominus}(H^+/H_2) - E^{\ominus}(Zn^{2+}/Zn) = 0 - E^{\ominus}(Zn^{2+}/Zn)$

$E^{\ominus}(Zn^{2+}/Zn) = -0.7618V$　　2 分

(7)（本小题 5 分）

反应：$I_2 + Cd === 2I^- + Cd^{2+}$

$E^{\ominus} = 0.54V - (-0.40V) = 0.94V$　　2 分

$\lg K^{\ominus} = 2E^{\ominus}/0.05917V = 31.8$

$K^{\ominus} = 6 \times 10^{31}$　　3 分

(8)（本小题 5 分）

1）$(+)Cr_2O_7^{2-} + 14H^+ + 6e^- === 2Cr^{3+} + 7H_2O$　　1 分

　　$(-)6Fe^{2+} - 6e^- === 6Fe^{3+}$　　1 分

电池反应　　$Cr_2O_7^{2-} + 14H^+ + 6Fe^{2+} === 2Cr^{3+} + 6Fe^{3+} + 7H_2O$　　1 分

2）得到的电功　$W_{电} = -W' = -\Delta_r G_m^{\ominus} = nFE^{\ominus} = 6 \times 96485C/mol \times (1.33 - 0.77)V$

　　　　　　　$= 3.2 \times 10^5 J/mol$　　2 分

第四章　微观物质结构

一、学习要求

（1）了解微观粒子的量子化和波粒二象性等基本特征；熟悉和理解原子核外电子的运动状态，并了解其描述方法——薛定谔方程以及波函数；掌握四个量子数的取值、表示方法及物理意义。熟悉波函数（原子轨道）和电子云的角度分布图的作图方法和意义，注意形状和正负。

（2）掌握多电子原子核外电子的排布规律和基态原子的核外电子排布式的书写；掌握元素周期表的结构：分区、周期、族与电子结构、能级组、价层电子结构的对应关系，熟悉元素性质在周期表中的变化规律；掌握原子半径、电离能、电负性等原子参数的定义和周期性变化规律。

（3）熟悉现代价键理论的要点和共价键的特点、类型及键参数；熟悉杂化轨道的类型，掌握杂化轨道理论的要点和解释分子空间构型的方法，了解杂化轨道理论在配合物中的应用。

（4）熟悉晶体的类型、特征和微粒间的作用力，了解7个晶系；了解金属键理论和金属晶体的三种堆积结构；熟悉离子键理论，能够利用离子电荷和半径比较简单离子晶体晶格能的大小；熟悉离子半径的变化规律，了解离子极化及其影响；掌握键极性与分子极性的关系，熟悉范德华力和氢键的特点及其对物质性质的影响，了解分子晶体的结构特征；了解原子晶体在结构和物性上的特点，了解典型的混合型晶体。

（5）了解单质的晶体结构、熔沸点、硬度的变化规律，能够根据晶体结构形式定性判断物质熔沸点的高低。

二、重难点解析

（一）微观粒子的波粒二象性与薛定谔方程

引入不连续轨道和能量量子化的波尔理论成功解释了氢原子和类氢离子的线状光谱，计算结果与光谱的实验值"惊人的一致"：

$$E_n = -B/n^2 \qquad (n = 1, 2, 3, \cdots)$$

$$E_{光子} = \Delta E = |E_2 - E_1| = h\nu = hc/\lambda = hc\bar{\nu}$$

式中，$B = 13.6\text{eV} = 2.179 \times 10^{-18}\text{J}$，称为里德堡常数；$h$ 为普朗克常数；ν 为频率；c 为光速；λ 为波长；$\bar{\nu}$ 为波数，m^{-1}。

但这种量子化是粗暴的、强加的，并且在保留经典轨道的前提下使得波尔理论对于多电子原子即使如只有两个电子的 He 原子也完全不适用，对氢原子光谱的双重线、三重线和亮度等精细结构也无能为力，原因在于微观粒子的运动具有波粒二象性这一现在脍炙人口却又"玄而又玄"的特性。

1924 年，德布罗意大胆提出物质波，随后海森堡提出的测不准原理都进一步从理论上明确了描述微观粒子的运动必须运用量子力学的方法。即用波函数 Ψ 描述电子等微观粒子的运动状态。波函数虽又称为"原子轨道"，但这种轨道不再是经典意义上的，而是一种"概率轨道"，或者说，波函数所描述的波动性是一种统计性规律（也称概率波）。波函数 Ψ 的形式可通过求解著名的薛定谔方程得到：

$$\frac{\partial^2 \psi}{\partial x^2} + \frac{\partial^2 \psi}{\partial y^2} + \frac{\partial^2 \psi}{\partial z^2} + \frac{8\pi^2 m}{h^2}(E - V)\psi = 0$$

这是一个"二阶偏微分方程"，解为波函数 $\Psi(x,y,z)$，是关于空间坐标 x，y，z 的函数，波函数 Ψ 本身缺乏明确的物理意义，取值可正可负，但 Ψ^2 意义明确，它表示原子核外空间某一点附近电子出现的概率密度，简称电子云。电子在核外某一空间范围内出现的概率等于该处的概率密度与该空间体积的乘积。

为了薛定谔方程求解的方便，通常将直角坐标 (x,y,z) 变换为球坐标 (r,θ,ϕ)，波函数则表示为 $\Psi(r,\theta,\phi)$，$\Psi(r,\theta,\phi)$ 又可变换为 $R(r)$ 与 $Y(\theta,\phi)$ 的乘积，即

$$\Psi(r,\theta,\phi) = R(r) \cdot Y(\theta,\phi)$$

式中，$R(r)$ 称为径向波函数；$Y(\theta,\phi)$ 称为角度波函数。同理，$R^2(r)$ 和 $Y^2(\theta,\phi)$ 分别表示电子云的径向分布和角度分布。径向分布反应了电子云离核的远近，而角度分布给出了电子云的形状。利用作图法，可以得到波函数的角度分布图。图 4-1 为在二维平面上 s、p 和 d 轨道的原子轨道（a）和电子云（b）的角度分布图。了解波函数角度部分的作图方法，特别注意形状和正负。

上述波函数的图像是一种直观的表示，它反映的是波函数的大小随角度变化的情况。我们可以利用函数的一些特殊值，在坐标纸上描绘出相应的点，再用光滑的曲线将这些点连接起来，就得到了图 4-1 所示的波函数的图像了。以 $2p_z$ 轨道（$n=2$，$l=1$，$m=0$）为例，首先求得薛定谔方程的解：

$$\psi_{2p_z} = \frac{1}{4}\sqrt{\frac{1}{2\pi a_0^3}}\left(\frac{r}{a_0}\right)e^{-r/2a_0}\cos\theta$$

其中，角度部分为

$$Y_{10}(\theta,\phi) = Y_{p_z}(\theta,\phi) = \sqrt{\frac{3}{4\pi}}\cos\theta = A\cos\theta \qquad \left(\text{令} A = \sqrt{\frac{3}{4\pi}}\right)$$

它是一个与 ϕ 无关的函数。选择一些特殊点，如下表所示：

项目	0°	30°	60°	90°	120°	150°	180°
$\cos\theta$	1	0.866	0.5	0	−0.5	−0.866	−1
Y_{p_z}	0.489	0.423	0.244	0	−0.244	−0.423	−0.489
$Y_{p_z}^2$	0.239	0.179	0.060	0	0.060	0.179	0.239

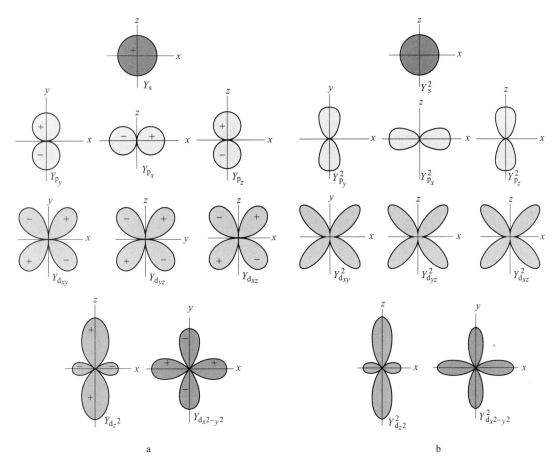

图 4-1　s、p 和 d 轨道的原子轨道（a）和电子云（b）的角度分布图（平面）

　　将这些角度对应的函数值在做图纸上描点，再用光滑的曲线将这些点连接起来，就会得到两个相切的半圆。如果继续取点到 360°，就会得到两个相切的圆，如图 4-2a 所示。

　　由于函数值与 ϕ 无关，即 ϕ 可以是任意值，将所得到的圆绕 z 轴旋转 180°，即得到了 $2p_z$ 轨道的角度分布图了，如图 4-2b 所示。

　　当然，利用计算机软件，可以更方便地做出上述图像。只需将函数代入 origin 或 matlab 中，即可画出上述的图像了。

（二）四个量子数及其物理意义

　　为使薛定谔方程的解具有实际意义和合理性，波函数 $\Psi(r,\theta,\phi)$ 的参数取值受到限制，这就是量子化的根源。比如：$\Psi(\phi)=\cos m\phi$，由于 ϕ 与 $\phi+2\pi$ 所表示的位置相

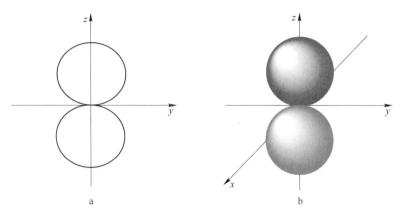

图 4-2 p_z 轨道的角度分布图

a—二维平面；b—空间

同，根据单值的要求，$\Psi(\phi) = \Psi(\phi + 2\pi)$，则 m 只能取整数值，即 $m = 0$，± 1，± 2，…。这种受特定限制的常数共三个，统称为量子数，即主量子数（n）、角量子数（l）和磁量子数（m）。

主量子数 n 是决定电子能量和能量量子化的主要因素（对氢原子来说，是唯一因素），并且决定电子在核外空间出现概率最大的区域离核的远近，取值为正整数，$n = 1$，2，3，…；角量子数 l 决定原子轨道（波函数）的形状，在多电子原子中，也是决定电子能量的因素之一，取值为 0 到 $n-1$ 的非负整数，$l = 0$，1，2，…，$n-1$；磁量子数 m 决定原子轨道在空间的伸展方向，但它与电子的能量无关，取值为绝对值不大于 l 的整数，$m = 0$，± 1，± 2，…，$\pm l$。此外，还有表示电子自旋运动状态的自旋量子数（m_s）取值为 $+1/2$ 和 $-1/2$。

n、l、m 确定，则原子轨道确定，因此，可用带有三个量子数下标的波函数 Ψ_{nlm} 表示一个原子轨道。注意角量子数 l 不同的原子轨道又称作不同的亚层，$l = 0$，1，2，3 的亚层常用符号 s，p，d，f 表示，必须建立起这种快速映射。如 Ψ_{200} 表示 2s 轨道、Ψ_{210} 表示 $2p_z$ 轨道、Ψ_{420} 表示 4d 轨道（不要求具体到 m 的对应）；若四个量子数全部确定，则电子的运动状态完全确定，因而，也可用四个量子数的组合表示某一种能量状态下的一个电子。如（3、0、0、$+1/2$）或（3、0、0、$-1/2$）可表示 $3s^1$ 电子。还需注意 n、l、m 量子数之间是互相限制的，四个量子数的组合必须合理，如不存在这样的量子数组合：（2、2、1、$-1/2$）。

（三）多电子原子核外电子排布规律和电子层结构

多电子原子核外排布遵循三原则：（1）泡利不相容原理：同一原子轨道只能容纳两个自旋相反的电子；（2）最低能量原理：核外电子在各原子轨道中的排布方式应使整个原子的能量处于最低状态。因此，应按照轨道能量从低到高的顺序填充电子；（3）洪特规则：在能量相同的等价轨道上排布电子时，总是以自旋相同的方向优先分占不同的轨道。注意洪特规则特例：当等价轨道处于半充满（如 p^3、d^5、f^7）或全充满状态（如 p^6、d^{10}、f^{14}）

时，原子核外电子的电荷在空间的分布呈球形对称，有利于降低原子的能量。对于 d 亚层，可通过借用能量较高的 s 轨道的一个电子从而达到半充满或全充满的状态。

轨道能量从低到高的顺序或原子核外电子填充顺序可参考鲍林的近似能级图 1s2s2p3s3p4s3d4p5s4d5p6s4f5d6p…，当然实际情况核外电子能量高低的顺序随着原子序数的增加会进一步发生变化。也可根据徐光宪近似公式判断亚层能量的高低，即 $E(\psi_{n,l}) = n+0.7l$，此式适用于填充电子时轨道能量高低的判断。填入电子后轨道能量高低的判断公式为：$E(\psi_{n,l}) = n+0.4l$，据此还可以判断电离能的高低。

基态原子的电子层结构用电子排布式表示的一般写法为：先按近似能级图中能级组能量从低到高的顺序排列，在每个能级组内再按主量子数 n 由小到大排列，考虑洪特规则的同时，然后按《普通化学简明教程》（第二版）所示近似能级图中能级由低到高的顺序即"填充电子顺序"（1s 2s2p 3s3p 4s3d4p 5s4d5p 6s4f5d6p 7s5f6d7p）将电子填入排布式中。s、p、d、f 亚层最多能填充的电子数目分别为 2、6、10、14，可不填满，但不能多填。此法的排布结果与大多数基态原子的光谱实验结果一致。如，基态钠原子 Na（$Z=11$）的电子排布式为 $1s^2 2s^2 2p^6 3s^1$ 或简写为 [Ne]$3s^1$，再比如铬原子 Cr（$Z=24$）：$1s^2 2s^2 2p^6 3s^2 3p^6 3d^5 4s^1$ 或简写为 [Ar]$3d^5 4s^1$。要求对于前五周期元素能够根据原子序数推出周期和族，写出元素名称和元素符号、电子排布式、价层电子构型。或相反，从元素位置推出其余。

需要注意的是，有一些元素的电子排布是特殊的，即不符合三原则。比如 Pd：$4d^{10}$；Nb：$4d^4 5s^1$；W：$5d^4 6s^2$ 等，Ru、Rh、Pt 也是特殊排布。对于这些元素的电子排布不做要求。

（四）元素周期律

元素性质的周期性变化规律，称为元素的周期律，它反映了各元素性质的周期性变化，而这实际上是由原子核外电子层结构的周期性变化造成的，元素周期表只是其表格形式。

元素的基本性质，主要有两大类：第一类为元素的电离能，其性质仅与元素原子本身的性质相关，与其他元素原子无关，因属于气态原子的性质，因而数值单一，准确度高。第二类为元素的原子半径和电负性，其数值（大小）与相邻原子的影响有关，同一原子在不同的化学环境中这类性质的大小（文献值）会有一定的差别。

1. 原子半径（r）

原子半径分为原子的理论半径（r_0，孤立的原子半径）、原子的共价半径（r_C）、原子的金属半径（r_M）和原子的范德华半径（r_F），比较时应使用同一标准。一般所说的原子半径常指原子的单键共价半径。

可通过原子的理论半径（r_0）的计算公式理解原子半径的周期性变化规律：

$$r_0 = (n^2/Z^*)a_0 \qquad a_0 = 53\text{pm}$$

式中，a_0 为波尔半径；Z^* 为有效核电荷数，Z^* 越大，原子半径越小；n 为最外层电子的主量子数，n 值越大，原子半径越大。

在周期表中，同周期元素，从左向右 Z^* 递增，原子半径递减。但主族元素原子半径的递减幅度远大于副族元素的递减幅度。这是因为主族元素新增加的电子排在最外层，屏蔽作用较小，使 Z^* 的增幅较大，而对于副族元素，新增的电子排在次外层，屏蔽作用较大，使 Z^* 的增幅较小。

在周期表中，同族元素的原子半径从上到下递增。这个规律对主族元素符合得很好，而对副族元素，从上至下原子半径增大得不够多，甚至出现递减的反常现象。

2. 电离能（I）

基态气态原子失去一个电子成为 +1 价的气态离子所需的最低能量称为第一电离能（I_1），再相继失去第二、三个电子等所需能量依次称为第二、第三电离能等（I_2，I_3，…）。原子的电离能越小，表示该元素原子失电子的能力越强，金属性越强。

同一元素的逐级电离能总是递增的，即 $I_1 < I_2 < I_3$ 等，这是因为原子失去电子后，离子中电子受核的吸引增强，能量有所降低。

同主族元素电离能变化的趋势，从上到下，随着电子层数的增加电离能下降。副族规律性不强。同一周期元素电离能变化的趋势，一般规律是随着原子序数的增加而递增；但中间会出现一些反常，这往往是出现了特殊的原子结构。如原子的电子层结构出现"半充满"和"全充满"时，该元素原子的第一电离能会"反常的"增大。

3. 电负性（χ）

元素电负性（χ）表示分子中的原子对电子的吸引能力，它是元素原子得失电子的能力的综合体现。电负性的数值无法用实验测定，只能通过理论计算得到，由于选择的标准不同，计算方法不同，得到的电负性数值也不尽相同。在使用电负性数据时，要注意使用同一套数据，使用最广的还是鲍林的电负性（χ_P）。

另外，同一元素所处的氧化态不同，其电负性数值并不相同。例如，Fe（Ⅱ）和 Fe（Ⅲ）的 χ_P 分别是 1.7 和 1.8；Cr（Ⅲ）和 Cr（Ⅵ）的 χ_P 分别是 1.6 和 2.4。一般电负性表中所列数值，实际上是该元素最稳定的氧化态的电负性数据。

电负性（χ）的周期性变化规律也与电离能和电子亲和能的变化规律相似，即同一周期自左至右电负性增大，同一族自上而下电负性减小。

（五）共价键的类型及其特性

共价键的形成需满足三原则：（1）对称性匹配原则：成键的两个单电子波函数 Ψ 符号相同（请联系原子轨道角度部分图像），则原子轨道的对称性匹配，核间的电子云密集，体系的能量最低，能够形成稳定的化学键。若它们的波函数 Ψ 符号不同，则原子轨道对称性不匹配，不能形成化学键。（2）能量相近、自旋相反原则：如果 A、B 两原子各有一个未成对电子，且自旋相反，则可相互配对，共用电子形成稳定的共价单键。如果 A、B 各有 2 个或 3 个未成对电子，则自旋相反也可以两两配对，形成共价双键或共价叁键。各原子中的未成对电子尽可能多地形成共价键，单电子可由成对电子分开而得到，此过程为激发。(3)最大重叠原则：原子轨道重叠时，轨道重叠越多，电子在两核出现的概率越大，体系的能量越低，形成的共价键也越稳定。因此，共价键应尽可能地沿着原子轨道最大重叠的方向形成，称为最大重叠原理，也即共价键的方向性。

共价键有几种分类方法。如按轨道重叠方式不同可分为 σ 键（沿键轴头碰头重叠），π 键（垂直于轴向平行重叠），δ 键（原子轨道以"面对面"的方式重叠），离域大 π 键（n 个原子、m 个电子形成的 π 键）；按共用电子对来源不同又可分为共价键（双方各提供一个电子）和配位键（单方提供电子对）；此外还有极性共价键、非极性共价键之分，单键、双键、叁键之分等。

要了解化学键的性质，可通过键参数的某些物理量来表征，如键能、键长、键角等。利用电负性差值说明键的极性大小，可以把典型的离子键看成是极性最强的共价键，典型的共价键是极性为零的离子键。离子极化作用和离子变形性使某些化合物中的离子键向共价键过渡。

（六）杂化轨道理论

为了解释用现代价键理论（VB 法）无法解释的共价分子的几何构型，提出了杂化轨道理论。杂化轨道理论认为，在同一原子中能量相近的不同类型的几个原子轨道混杂起来，重新组成同等数目的能量完全相同的杂化原子轨道。在原子形成分子的过程中，经过了激发、杂化、轨道重叠等过程。

杂化五问：(1)能否杂化？杂化过程的量子力学基础是微观粒子的波粒二象性。杂化过程的实质是波函数 Ψ 的线性组合，得到新的波函数，即杂化轨道的波函数。杂化轨道不同于参与杂化的原子轨道，具有自己的波函数、能量、形状和空间取向。(2)何时杂化？杂化只在形成分子的过程中发生，孤立原子不发生杂化。(3)为何要杂化？杂化轨道的特征——角度分布图有大、小头，以大头部分和成键原子轨道重叠有利于成键（提高重叠程度）。故必有 s 轨道参与。只有 s 轨道的 Ψ 为正值，p、d 轨道均是正负对称的。只有 s 轨道的参与才能使杂化后的轨道形成大小头，这就是杂化轨道的能量因素。(4)如何杂化？杂化要遵循下述原则：参与杂化的原子轨道遵循能量相近原则、杂化前后轨道数目守恒原则、杂化后能量重新分配原则、杂化轨道对称性分布原则以及成键时的最大重叠原则。(5)杂化成什么？根据能量相近和必含有 s 轨道的原子，杂化类型有 sp、spd、dsp 等形式。

能量相近原则：参与杂化的轨道能量相近，故通常参与杂化的原子轨道为价层原子轨道；轨道数目守恒原则：杂化轨道数等于参加杂化的原子轨道数目之和，如：sp 杂化——s+p，杂化轨道数 = 2，sp² 杂化——s+2p，杂化轨道数 = 3，sp³ 杂化——s+3p，杂化轨道数 = 4；能量重新分配原则：杂化轨道的组成为参加杂化的原子轨道平均化。杂化前后轨道总能量不变，杂化后杂化轨道能量相等。s 和 p 之间形成的杂化轨道，其能量高于 s，低于 p。其中 p 的成分越多能量越高，即 s<sp<sp²<sp³<p；杂化轨道对称性分布原则：杂化轨道在球形空间中尽量呈对称性分布，即杂化轨道间的键角相等。

根据能量相近和必有 s 轨道参与，即不能跨越轨道，则杂化类型包括 sp 型、spd 型、

dsp 型。具体的主要有 sp 杂化、sp^2 杂化、sp^3 杂化、dsp^2 杂化、sp^3d 杂化、sp^3d^2 杂化等情况。

同类型的杂化方式可分为等性杂化和不等性杂化两种。如果原子轨道杂化后形成的杂化轨道是等同的，这种杂化叫作等性杂化。如 CH_4、CCl_4 分子中的 C 原子杂化。如果原子轨道杂化后形成的杂化轨道中有一个或几个被孤对电子所占据，使得杂化轨道之间的夹角改变，这种由于孤对电子的存在而造成杂化轨道不完全等同的杂化，叫作不等性杂化，如 NH_3、H_2O。

中心原子杂化方式的判断可根据下式：

$$杂化轨道数(H) = 孤对电子数(L) + \sigma 键数(\sigma)$$

σ 键数：两原子间有且只有一个 σ 键；

孤对电子数 L：满足周围原子为 8 电子稳定结构（双键、三键、配位键）所余下的电子对数，即总价电子数减去 $8n$ 再除以 2 即得。如果周围原子为 H 的话，为 2 电子稳定结构；

杂化轨道数 H 与杂化方式是一一对应的，如下表所示。

杂化类型	杂化轨道数	杂化轨道间的夹角	空间构型	实例
sp	2	180°	直线形	$BeCl_2$、$HgCl_2$
sp^2	3	120°	三角形	BF_3、NO_3^-
sp^3	4	109°28′	四面体	CH_4、ClO_4^-
dsp^2	4	90°，180°	正方形	$PtCl_4$
sp^3d	5	120°，90°，180°	三角双锥	PCl_5
sp^3d^2	6	90°，180°	八面体	SF_6、SiF_6^{2-}

注：dsp^2 杂化常见于配合物。

分子的空间构型由杂化方式确定。杂化后的轨道只能用来形成 σ 键或填入来自中心原子的孤对电子，若有不参与成键的孤对电子则为不等性杂化。考虑分子的空间构型时除了上表中的基础构型外，还需考虑由孤对电子带来的派生构型，如：NH_3，杂化方式为 sp^3 不等性杂化，中心原子价电子对构型为四面体，分子空间构型为三角锥（不看孤对电子）。π 键在 σ 键基础上形成，基本不影响空间构型。如：乙烯分子，C 原子为 sp^2 等性杂化，C—C：sp^2—sp^2；C—H：sp^2—s，均为 σ 键。$\angle HCH$ 键角为 120°，分子空间构型为平面三角形（就每个 C 来说），未杂化的 p_z 轨道之间肩并肩成 π 键，故有 C=C 的存在，如图 4-3 所示。

（七）离域 π 键（选学）

由两个以上的轨道以"肩并肩"的方式重叠形成的键，称为离域 π 键或大 π 键。离域 π 键是 π 键中的一种特殊情况。

一般 π 键是由两个原子的 p 轨道叠加而成，电子只能在两个原子之间运动。而大 π 键是由多个原子提供多个同时垂直于形成 σ 键所在平面的 p 轨道，所有的 p 轨道都符合"肩并肩"的条件，这些 p 轨道就叠加而成一个大 π 键，电子可在这个广泛区域中运动。例如

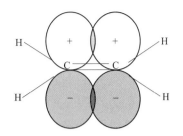

图 4-3　乙烯分子的结构和成键情况

苯分子，其结构如图 4-4 所示。苯分子中的大 π 键，价键理论认为苯分子中的 6 个碳原子皆采取 sp^2 杂化，形成三个杂化轨道，其中一个杂化轨道与 H 原子结合形成 σ 键，另外两个杂化轨道和相邻的两个碳原子结合分别形成两个 σ 键，组成了一个平面正六角形的骨架。此外，每个 C 原子还剩下一个垂直于该平面的 p 轨道，并且相互平行，每个 p 轨道上有一个单电子，这六个相互平行的 p 轨道以"肩并肩"的方式重叠后形成大 π 键，6 个 p 电子就在六个碳原子之间活动，形成了一个 6 中心 6 电子的大 π 键，用 π_6^6 表示。

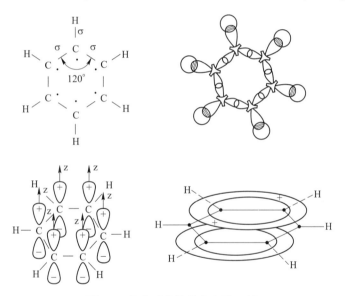

图 4-4　苯分子的结构和离域 π 键

　　形成离域 π 键必须具备下面三个条件：第一是参与形成大 π 键的原子必须共平面；第二是每个原子必须提供一个相互平行的 p 轨道；第三是形成大 π 键所提供 p 电子数目 m 必须小于 p 轨道数目 n 的 2 倍（$m<2n$）。

　　由于离域 π 键的形成可使体系的能量降低，使分子的稳定性增加，因此，在条件允许的情况下，分子将尽可能多地形成离域 π 键，一般最多可形成两个离域 π 键。例如在 CO_2 分子中就存在两个大 π 键 π_3^4。C 原子的价电子层为 $2s^2 2p^2$，碳以 sp 杂化轨道与每个氧原子的 $2p_x$ 轨道重叠形成两个 σ 键，构成分子直线型骨架结构，三个原子的 p_y 轨道垂直于通过键轴的平面，两两平行，并重叠形成一个大 π 键 $(\pi_y)_3^4$。另外，三个原子的 p_z 轨道也同样垂直于通过键轴的平面，两两互相平行，轨道重叠后又形成一个大 π 键 $(\pi_z)_3^4$，这两个大 π 键互相垂直。

（八）配合物的空间构型与磁性（选学）

配离子的空间构型指配体在中心原子周围的排列方式。配离子的空间构型不仅与配离子的配位数有关还与中心原子空轨道的杂化方式有关，可由配合物的价键理论判断。价键理论要点：（1）中心离子与配体之间以配位键相结合；（2）配位键是由配位原子提供的孤电子对，填入由中心离子提供的经杂化的价层空轨道中而形成的 σ 共价键；（3）中心原子价层空轨道所采取的杂化方式决定了配离子的空间构型，杂化方式与配位数相关：2 配位一般为直线型（sp 杂化），3 配位一般为平面三角形（sp^2 杂化），4 配位有正四面体型（sp^3 杂化）和平面正方形（dsp^2 杂化），6 配位一般为正八面体型（d^2sp^3 杂化或 sp^3d^2 杂化）；（4）配位数相同的配离子可能采取不同的杂化方式，根据实验测出的磁矩 μ_m 来推算配合物中未成对的电子数 n，间接推测中心原子内层 d 电子是否发生重排，从而判断其价层空轨道的杂化方式以及配合物的空间构型。

一般将全部动用最外层原子轨道进行杂化的配合物称为外轨型配合物，杂化方式包括 sp 杂化、sp^2 杂化、sp^3 杂化和 sp^3d^2 杂化，由于外轨型配合物中心离子的电子一般不重排，故它们往往是高自旋配合物；同理，则将内层原子轨道参与杂化的配合物称为内轨型配合物，杂化方式包括 dsp^2 杂化、dsp^3 杂化和 d^2sp^3 杂化，又由于内轨型配合物中，配体对中心离子影响大，一般中心离子的电子将发生重排，故它们往往是低自旋配合物。相同条件下内轨型配合物比外轨型配合物更为稳定，这是由于参与杂化的内层轨道能量更低的缘故。

配合物的磁性主要由电子运动来表现，与配离子中的未成对电子数直接相关，未成对电子数目越大，磁矩越大，并符合下列关系：

$$\mu_m = \sqrt{n(n+2)}$$

式中，n 为体系中未成对电子数目；μ_m 为磁矩，单位为玻尔磁子，单位符号为 μ_B。

通常将成单电子数为零的配合物称为反磁性物质，将成单电子数不为零的配合物称为顺磁性物质。

（九）金属晶体的密堆积结构（选学）

描述金属键一般用自由电子海模型和金属能带理论。

在金属单质晶体中，由于金属原子间的金属键是各向同性，金属原子的排列可以近似地看作等径圆球的紧密堆积。在一个平面上金属原子的排列只有两种方式（图4-5）：第一种是"行列对齐"的排列方式。每个球被邻近的 4 个球包围，球间的空隙较大，称为非密置层；第二种是"行列相错"的排列方式，每个球被 6 个最邻近的球包围，球间的空隙较小，称为密置层。

在金属晶体中金属原子有三种常见堆积方式，即面心立方最密堆积、六方最密堆积和体心立方堆积。将密置层的金属原子，以上下相错的方式层层堆砌时，只能利用半数的空

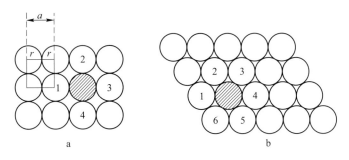

图 4-5　等径圆球在平面上的两种堆积情况

a—等径圆球的非密置层；b—等径圆球的密置层

隙。由于空隙利用情况的不同，产生两种不同最密堆积方式，即面心立方最密堆积和六方最密堆积。面心立方最密堆积中，每一层的堆砌，都轮流使用不同类的空隙，空置另外一半的空隙。于是出现第二层（B）的每个球正好对准第一层（A）的半数空隙，第三层（C）的小球置于正好对准第一层另一半的空隙。这样，按 ABCABC…方式重复地堆积下去，即得面心立方最密堆积结构，其晶胞为面心立方，晶胞中含有 4 个金属原子，原子的配位数为 12，前视图和晶胞如图 4-6b 和 c 所示；六方最密堆积的前视图如图 4-6a 所示，每一层的堆砌，都使用同类的半数空隙，于是出现第二层（B）的小球与第一层（A）相错，而第三层的小球与第一层对齐（重复第一层）的堆积。如此 ABAB…重复堆积下去即为六方密堆积，其晶胞为六方晶胞，原子的配位数也为 12。体心立方堆积中，由非密置层的金属原子按各层之间以上下相错的方式堆砌，就可得到体心立方晶胞，含有 2 个金属原子，原子的配位数为 8，低于最密堆积。

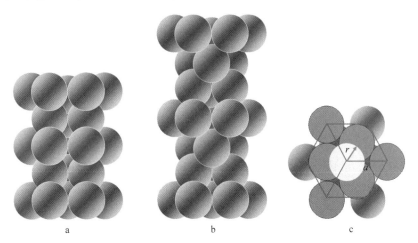

图 4-6　六方密堆积和面心立方密堆积的前视图以及面心立方晶胞

a—六方密堆积；b—面心立方密堆积；c—面心立方晶胞

（十）离子晶体的三种典型结构形式

决定离子晶体构型的主要因素为正、负离子的半径比值和离子的电子层构型。离子键的强度可用晶格能 U 的大小来衡量。离子晶体具有硬度大，脆性、熔点、沸点高，熔化热、汽化热高，熔化状态或水溶液能导电等性质。离子极化作用对离子晶体的结构和性质也有重要影响。

AB 型离子化合物的三种主要结构形式为 CsCl 型、NaCl 型和 ZnS 型，如图 4-7 所示。

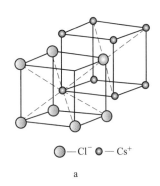
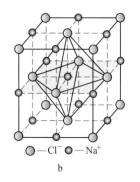
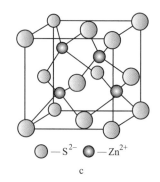

○—Cl^- ●—Cs^+ ○—Cl^- ●—Na^+ ○—S^{2-} ●—Zn^{2+}

a   b   c

图 4-7 几种典型的离子晶体结构形式

a—CsCl 型结构；b—NaCl 型结构；c—立方 ZnS 型结构

1. CsCl 型结构

CsCl 型结构属立方晶系，配位数为 8∶8，即每个正离子被 8 个负离子包围，同时每个负离子也被 8 个正离子所包围。晶胞内含 1 个 Cs^+ 离子和 1 个 Cl^- 离子。点阵型式是 Cs^+ 离子形成简单立方点阵，Cl^- 离子形成另一个立方点阵，两个简单立方点阵平行交错，交错的方式是一个简单立方格子的结点位于另一个简单立方格子的体心。或者说，其晶胞由负离子按简单立方堆积，正离子填在立方体空隙中。（楷体字为点阵形式的描述，选学）

2. NaCl 型（岩盐型）结构

NaCl 型（岩盐型）结构属立方晶系，配位数为 6∶6，即每个离子被 6 个相反电荷的离子所包围。NaCl 型的晶胞是立方面心，晶胞内含有正负离子数为 4∶4。点阵型式是 Na^+ 离子的面心立方点阵与 Cl^- 离子的面心立方点阵平面交错，交错的方式是一个面心立方格子的结点位于另一个面心立方格子的中央。或者说，其晶胞由负离子按面心立方密堆积，正离子填在八面体空隙中。（楷体字为点阵描述部分，选学）

3. 立方 ZnS 型（闪锌矿）结构

立方 ZnS 型（闪锌矿）结构属立方晶系，配位数为 4∶4，即每个 S^{2-} 离子周围与 4 个相反电荷的 Zn^{2+} 联成四面体，同样每个 Zn^{2+} 离子也与周围的 4 个 S^{2-} 离子联成四面体。立方面心晶胞，晶胞内含有正负离子数为 4∶4。其晶胞由负离子按面心立方密堆积，正离子则均匀地填在半数的四面体空隙中。（楷体字为点阵形式的描述，选学）

（十一）离子的极化（选学）

以离子键结合的两种元素的离子之间并不是百分之百的静电作用，即使是 Cs^+ 与 F^- 结合，离子性成分也只有 92%，还有约 8% 的共价性。同样，相同元素的原子间形成的共价键通常是非极性共价键，不同元素原子间形成的共价键是极性共价键，在极性键中则也具有一定程度的离子性成分。

　　键的离子性分数可以用成键两元素的电负性之差 $\Delta \chi$ 估计。元素的电负性差别越大，它们之间键的离子性成分就越大。对于 AB 型化合物，单键的离子性分数与电负性差值的关系可通过计算得出，电负性差值为 1.7 时，单键的离子性分数约为 50%。当 $\Delta \chi > 1.7$ 时，一般可认为此物质为离子型化合物。例如，多数碱金属卤化物中，离子性分数大于50%。当 $\Delta \chi < 1.7$ 时，则可以认为该物质是共价型化合物。例如，卤化氢中，离子性分数都小于 50%，但 HF 的 $\Delta \chi > 1.7$。由此可见，这种划分方法常有一定的误差。

　　在离子间除了静电引力外，诱导力也起着相当重要的作用。阳离子具有多余的正电荷，一般半径较小，对相邻的阴离子会起诱导作用，这种作用称为离子的极化作用；而阴离子半径一般较大，容易变形，在被诱导过程中能产生暂时的诱导偶极，这种性质称为离子的变形性。阴离子产生的诱导偶极又会反过来诱导阳离子，使之变形（如 18 电子型、18+2 电子型和半径大的离子），同样产生偶极，这样使阳离子和阴离子之间发生额外的吸引力，称为附加极化。

　　（1）极化作用的规律：

　　1）阳离子的电荷越高，极化作用越强。

　　2）阳离子的电子层结构不同，极化作用大小也不同。一般规律是 18 或 18+2 电子构型的离子>8-18 电子构型的离子>8 电子构型的离子。这是因为 18 电子构型的离子，其最外层中的 d 电子对原子核屏蔽作用较小。

　　3）电子层相似、电荷相等时，半径小的离子有较强的极化作用，如 $Mg^{2+} > Ba^{2+}$，$Al^{3+} > La^{3+}$，$F^- > Cl^-$ 等。

　　4）阴离子的极化作用较小，但电荷高的复杂阴离子也有较明显的极化作用，如 SO_4^{2-} 和 PO_4^{3-}。

　　（2）离子变形性的规律：

　　1）对价电子层构型相同的阴离子，电子层数越多，半径越大，变形性越大，如 $F^- < Cl^- < Br^- < I^-$。

　　2）对结构相同的阴离子，负电荷数越高，变形性越大，如 $O^{2-} > F^-$。

　　3）复杂的阴离子的变形性不大，而且复杂阴离子中心原子氧化数越高，变形性越小，如 $ClO_4^- < F^- < NO_3^- < OH^- < CN^- < Cl^- < Br^- < I^-$。

　　4）对半径相近的离子，18 电子构型和不规则电子构型的阳离子，其变形比惰性气体型的阳离子大得多，如 $Ag^+ > K^+ > Hg^{2+} > Ca^{2+}$ 等。

　　总之，容易变形的离子是体积大的阴离子和 18 电子构型或不规则电子构型的少电荷阳离子。不容易变形的离子是半径小、电荷高的 8 电子构型的阳离子，如 Be^{2+}、Al^{3+}、Si^{4+} 等。

　　离子的极化作用使离子键向共价键过渡，缩短了离子间的距离，进而使晶体结构发生改变（配位数变小）。相应的物理性质（如熔点、溶解度、酸碱性、颜色等）也会发生改变。

　　离子极化使离子晶体向分子晶体过渡，因而导致物质的熔沸点降低。如：LiCl

（605℃）和 $BeCl_2$（405℃）极化影响非常显著；NaCl（801℃）和 $MgCl_2$（714℃）极化影响显著；KCl（770℃）和 $CaCl_2$（782℃）极化影响较弱，离子键规律；CsCl（645℃）和 $BaCl_2$（963℃）完全离子键规律。再比如 $FeCl_2$（672℃）和 $FeCl_3$（306℃）、$SnCl_2$（246℃）和 $SnCl_4$（-33℃）均是离子极化影响的体现。

（十二）影响晶体熔沸点的因素

要使晶体熔化或液体沸腾必须提供足够的能量来克服质点间的作用力。这些作用力包括共价键、离子键、金属键、范德华力和氢键等。

一般来说，共价键作用最强，因此原子晶体（共价晶体）熔沸点最高，金属晶体和离子晶体次之，分子晶体最低。但是必须指出，熔化甚至沸腾并不意味着破坏质点间的全部作用力，有些只破坏其中一小部分。同时，晶体熔沸点的高低有时还与物质液态和气态时的状态有关。下面按晶体类型的不同分别介绍。

1. 分子晶体

分子间力包括范德华力和氢键，是决定分子晶体沸点、熔点、溶解度等物性的主要因素。其中范德华力包括色散力、诱导力和取向力。因分子间力较弱，分子晶体的熔沸点比原子晶体、离子晶体小得多。在范德华力中，色散力是主要的作用力，存在于一切分子之间，与分子的变形性有关，或者说与分子的大小有关。一般来说，相对分子质量越大，分子的半径越大，原子核对最外层电子的束缚力越弱，分子越容易变形，色散力越大，相应的物质熔点、沸点就高，密度和硬度就大。

取向力取决于分子的固有偶极矩，诱导力与分子固有偶极矩和分子的变形性都有关。只有在极性大于水的物质中，取向力才是主要的，诱导力一般都比较小。

氢键是一种特殊的分子间作用力，一般只出现在 F、O、N 等电负性较大的元素与 H 之间。它对物质的熔点、沸点、溶解度、密度、黏度等物性和分子结构都有很大影响。由于是一种额外的力，它使相应的物质的熔点、沸点都显著地升高。

并不是所有分子晶体汽化时都要克服质点间全部的作用力。如 HF 汽化时，HF 的蒸气并不是单个 HF 分子，而是由多个 HF 分子组成的缔合分子 $(HF)_n$。据测定每个缔合分子相当于由 3.5 个 HF 分子组成。可见，HF 沸腾并不需要破坏所有的氢键和范德华力。因此，虽然液态 HF 中的氢键键能大于水，但水沸腾时需要破坏所有的氢键作用，这导致水的沸点远高于液态 HF（19.51℃）。这里面的差别还与另外一个因素——氢键的数目有关。

2. 离子晶体

离子晶体的熔沸点与其晶格能有关，晶格能越大，熔化需要的能量就越多，熔点就越高。离子晶体的晶格能与离子的电荷、半径和结构形式有关，最主要因素是离子电荷，通常正比于正负电荷乘积的绝对值，反比于正负离子半径的和。如 NaCl 与 NaF 都是典型的离子晶体，它们电荷的乘积的绝对值相同，但 Cl^- 的半径大于 F^- 的半径，导致 NaCl 的熔点（801℃）明显低于 NaF 的熔点（993℃）。

　　离子晶体汽化也不要克服全部的晶格能，因为离子化合物在气相中并不是以单个离子而是以离子对形式存在的的。汽化离子晶体只要克服晶格能与离子对内部所具有的静电作用能之差即可，定性比较时这个差值可忽略。对于高电荷正离子和大半径负离子，有时还要考虑离子的电子层构型和离子极化的影响，参见重难点解析（十一）。

　　3. 原子晶体

　　原子晶体由原子组成，原子之间靠共价键相连，因此原子晶体有时也称为共价晶体。原子晶体熔沸点的高低与共价键的强弱有关。因断开共价键要消耗很多能量，原子晶体的熔沸点一般很高。一般来说，半径越小形成共价键的键长越短，键能就越大，晶体的熔沸点也就越高。例如：金刚石（C—C）>二氧化硅（Si—O）>碳化硅（Si—C）>晶体硅（Si—Si）。

　　需要指出的是，有时原子晶体熔化甚至沸腾也并不需要打断所有的共价键。如，原子晶体 SiO_2 汽化过程为

$$SiO_2(s) \longrightarrow O=Si=O(g)$$

可见 SiO_2 的汽化只不过把 SiO_2 晶体结构的基本单位"硅氧四面体"中 4 个强的"Si—O" σ 键变成 2 个 σ 键和 2 个较弱的 π 键。

　　4. 金属晶体

　　金属晶体的熔沸点主要与金属键强弱有关，大多数金属具有较高的熔沸点和硬度。首要因素是形成金属键的自由电子的数目，其次还和金属晶体中金属离子排列的紧密程度、金属正离子的半径等因素有关。金属键越强，金属的熔、沸点越高。由于金属的电荷、半径及微粒的排列方式相差较大，金属的熔沸点高低悬殊，例如有熔点很高的W（3380℃）和Re（3180℃）等，也有熔点很低的 Ga（29.8℃）和 Hg（-38.87℃）等。其原因除了金属键本身强度不同外，还与金属液化和汽化后所呈现的状态不同有关。以金属镓而言，其晶格结构较为特殊，其结构中存在着原子对，原子对内部结合力大，原子对间结合力小。熔融态 Ga 仍以一定的原子对结合体形式存在，故 Ga 熔化只需克服部分原子对间弱的结合力。但气态 Ga 却以单原子形式存在，可见 Ga 沸腾时不仅要完全破坏原子对间的结合力，而且也要完全破坏原子对内部强大的结合力。这就是 Ga 沸点很高（2070℃）的原因。Ga 处于液态的温度区间特别大，故常用来作液态温度计。

三、例题解析

【例 4-1】　计算：（1）能量为 13.6eV 电子的波长；（2）设子弹质量为 10g，速度为 1000m/s，计算其波长。计算结果给我们什么启示？

　　解：（1）根据公式　$\lambda = \dfrac{h}{P} = \dfrac{h}{mv}$，$E = \dfrac{1}{2}mv^2$

$$E = 13.6eV = 13.6 \times 1.602 \times 10^{-19}J = 2.18 \times 10^{-18}J$$

$$\lambda^2 = \frac{h^2}{m^2v^2} = \frac{h^2}{2mE} = \frac{(6.626 \times 10^{-34})^2}{2 \times 9.109 \times 10^{-31} \times 2.18 \times 10^{-18}} = 1.11 \times 10^{-19}m$$

可知能量为 13.6eV 的电子的波长为：$\lambda = 3.32 \times 10^{-10} m = 0.332 nm$。

（2）速度为 1000m/s 的子弹的波长为

$$\lambda = \frac{h}{mv} = \frac{6.626 \times 10^{-34}}{10 \times 10^{-3} \times 1000} = 6.6 \times 10^{-26} nm$$

由于电子的直径为 10^{-6}nm，相对于 0.332nm，显示出明显的波动性；而子弹的直径多为几毫米，当然在一般的测量中就显示不出它的波动性了。总之，宏观物理以粒子性为主，用牛顿力学即可准确描述；微观粒子表现出明显的波动性，具有波粒二象性，其行为只能用量子力学描述。

【例 4-2】（1）写出 $Z=24$ 的元素的电子排布式，并指明其元素名称、符号及所在的周期和族；（2）写出 As 的电子排布式、价电子构型、原子序数、周期和族及主要氧化数。

解：（1）原子序数为 24，其中 1s、2s、2p、3s、3p 共 5 个能级 9 个轨道排布了 18 个电子。按能级顺序填入，排列方式应是 $1s^2 2s^2 2p^6 3s^2 3p^6 3d^4 4s^2$，考虑洪特规则特例时，则为 $1s^2 2s^2 2p^6 3s^2 3p^6 3d^5 4s^1$。元素为铬 Cr，位于第四周期ⅥB 族。

（2）As：砷，第四周期 V A 族，电子排布式：$[Ar] 3d^{10} 4s^2 4p^3$，价电子构型为 $4s^2 4p^3$，原子序数为 33，主要氧化数为 +3 和 +5。

【例 4-3】计算 6s、4f、5d 以及 6p 轨道的（$n+0.7l$）的值，并比较这些轨道能量的高低。

解：s、f、d 以及 p 轨道的 l 值分别为 0，3，2，1，代入上式得到（$n+0.7l$）的值分别为：6.0，6.1，6.4，6.7，因此，$E_{6s} < E_{4f} < E_{5d} < E_{6p}$，出现能级交错。

【例 4-4】N（$2s^2 2p^3$）的第一电离能偏大，而 B（$2s^2 2p^1$）的第一电离能偏小？为什么？

解：N 原子的特征电子构型为 p 轨道半充满，较稳定（不易电离），B 原子失去一个 2p 电子后变成 $2s^2 2p^0$ 的稳定结构，所以较容易电离出一个电子。或者：O（$2s^2 2p^4$）失去一个电子达到 2p 亚层半充满的较稳定结构，故而其第一电离能偏小；Be（$2s^2$）为全充满的稳定结构，第一电离能较大。

【例 4-5】** 利用键能数据计算如下反应的反应热。

$$H_2(g) + Cl_2(g) == 2HCl(g)$$

已知 H—H 键、Cl—Cl 键和 H—Cl 键的键能分别为 435kJ/mol、242kJ/mol 和 431kJ/mol。

解：化学反应过程就是旧键的断裂和新键的形成过程。本反应过程中断裂一个 H—H 键和一个 Cl—Cl 键（吸热），生成两个 H—Cl 键（放热）。故

$$\Delta_r H_m = E(H-H) + E(Cl-Cl) - 2E(Cl-H)$$
$$= 435 kJ/mol + 242 kJ/mol - 2 \times 431 kJ/mol$$
$$= -185 kJ/mol$$

可以推出反应的焓变与键能的关系：

$$\Delta_r H_m^{\ominus} = \sum D(断键) - \sum D(成键) = \sum D(反应物) - \sum D(生成物) = -\sum \nu_B D$$

其中，D 为键能；ν_B 为化学键的计量数。

【例 4-6】　填写下表。

项目	CO_2	CH_4	NH_3
中心原子杂化方式			
等性或不等性			
分子空间构型			
分子有无极性			
分子间作用力种类			

解：

项目	CO_2	CH_4	NH_3
中心原子杂化方式	sp	sp^3	sp^3
等性或不等性	等性	等性	不等性
分子空间构型	直线形	正四面体	三角锥性
分子有无极性	无	无	有
分子间作用力种类	色散力	色散力	取向力、诱导力、色散力、氢键

【例 4-7】　下列几种元素之间可以形成哪些二元化合物：Si、C、O、H？各举一例，写出它们的化学式或分子式，预测其熔点高低，简述理由。

解：

项目	SiO_2	SiC	H_2O	SiH_4	CH_4	CO
晶体类型	原子晶体		分子晶体			
熔点高低	很高		较高	较低		
结合力	共价键		分子间作用力			
			氢键			

【例 4-8】　试利用晶格能相关知识，判断 Na 的卤化物的熔点高低。

解： 离子 F^-、Cl^-、Br^-、I^- 的电荷数相同，离子半径从氟到碘增加，因此晶格能下降，熔点依次降低：$NaF>NaCl>NaBr>NaI$。

四、第四章课后习题简明答案

4-1　（1）B；（2）C；（3）A；（4）C；（5）C；（6）D；（7）C；（8）B；（9）A；（10）A；（11）B；（12）C；（13）C；（14）B。

4-2　（1）角量子数 l；主量子数 n 和角量子数 l；（2）18；五；18；5s4d5p；（3）K、Ca、Zn、Br；$ZnBr_2$；（4）①ns^2np^2，ⅣA 族元素；②$d^6 4s^2$，Fe 元素；③$3d^{10}4s^1$，Cu 元素；（5）①He；②Ga；③Y；④Cu；（6）②P；（$Z=15$）；③（2）；④（10）；⑤（14），（10），（2），（3）。

4-3　（1）错；（2）错；（3）错。

4-4　（2）（3）（4）组不可能存在。

4-5　3，0，0，+1/2；　3，0，0，-1/2；　3，1，0，+1/2；　3，1，1，+1/2；
3，1，-1，+1/2。

4-6　（1）（Ti，$3d^24s^2$）；（2）（Mn，$3d^54s^2$）；（3）（I，$5s^25p^5$）；（4）（Tl，$6s^26p^1$）。

4-7　2s，4p，5d，分别包含 1，3，5 条轨道。

4-8　未成对电子数：V 3，Si 2，Fe 4。

4-9　（1）Si；Cl；（2）3，ⅣA；（3）SiO_2。

4-10　$3d^24s^2$；Ti。

4-11　电子层数相同时，核电荷数越大，对外层电子的吸引能力越大，半径越小。

4-12　提示：一般来说，电离能是逐级增大的，但遇到稳定结构时，电离能更大。

4-13　（C）>（D）>（B）>（A）。

4-14　提示：杂化轨道理论认为，分子形成中心原子价层电子需经过激发、杂化和成键三步。分子的极性来源于化学键的极性，多原子分子要考虑分子结构的对称性。

4-15　（1）P>S>Mg>Al；（2）Cl>C>N>F；（3）S>P>As>Ge。

4-16　提示：BF_3 中的 B 原子是 sp^2 杂化，而 NF_3 中的 N 原子是不等性 sp^3 杂化。

4-17　提示：H_2O 中的 O 原子是不等性 sp^3 杂化，分子构型为 V 型。

4-18　（1）Be—F>C—F>O—F；（2）P—Br>O—Br>N—Br；（3）B—F>N—O>C—S。

4-19

序	配离子	d 电子数	磁矩 μ_m/μ_B	杂化方式	几何构型	内/外轨
(1)	$[Cd(NH_3)_4]^{2+}$	10	0	sp^3	正四面体	外轨型
(2)	$[Ni(CN)_4]^{2-}$	8	0	dsp^2	平面正方形	内轨型
(3)	$[Co(NH_3)_6]^{3+}$	6	0	d^2sp^3	正八面体	内轨型
(4)	$[FeF_6]^{3-}$	5	5.9	sp^3d^2	正八面体	外轨型

4-20　金属晶体：Au(s)，Ag(s)，Fe(s)，Al(s)；离子晶体：AlF_3(s)，$CaCl_2$(s)，CuC_2O_4(s)，KNO_3(s)；共价键晶体：BN(s)，C(石墨)，SiC(s)，B_2O_3(s)，Si(s)；分子晶体：BCl_3(s)，H_2O(s)，$H_2C_2O_4$(s)。

4-21　提示：化学键的极性来源于组成原子电负性的差。

4-22　提示：先写出原子的电子排布式，再根据电离顺序写出离子的电子排布式。

4-23　（1）在 CuCl、CuBr、CuI 3 种化合物中，Cu^+ 离子的电子构型为 $18e^-$ 电子构型，极化能力强，随着阴离子的半径增大，阳离子对阴离子的极化作用增加，电子云重叠程度增大，化学键的共价成分增加，因此晶体在水中的溶解度相应降低。

（2）与（1）类似，也是由于离子极化作用，导致晶体中的离子键向共价键转化，晶体在水中的溶解度降低。

4-24　虽然 Cu^+ 与 Na^+ 的离子半径相近，但 Cu^+ 为 $18e^-$ 电子构型，Na^+ 为 $8e^-$ 电子构型，Cu^+ 的极化作用比 Na^+ 的极化作用大，因此 NaCl 易溶于水，而 CuCl 难溶。

4-25　石墨是层状晶体，层与层间以范德华力结合。这种引力不仅较弱，而且没有方向性和饱和性，层与层之间可以滑移，所以可以做润滑剂。石墨同一层中的碳原子以 sp^2 形式杂化，每个碳原子都有一个未参与杂化的 p 轨道和一个单电子，而且相互平行构成大 π 键，因此可以导电。石墨的化学性质较稳定，故通常用作惰性电极材料。

4-26　He(l)：色散力；$I_2(s)$：色散力；$CO_2(s)$：色散力；$CHCl_3(l)$：色散力，取向力，诱导力；$NH_3(l)$：色散力，取向力，诱导力，氢键；$C_2H_5OH(l)$：色散力，取向力，诱导力，氢键；$BCl_3(l)$：色散力；$H_2O(l)$：色散力，取向力，诱导力，氢键。

4-27　(1) HF 分子间除了范德华力之外还存在氢键，所以沸点更高。

(2) $TiCl_4$ 是共价型化合物，LiCl 是离子型化合物，所以 LiCl 的沸点比 $TiCl_4$ 高得多。

(3) CH_3CH_2OH 分子间有氢键作用，而 CH_3OCH_3 分子间没有，所以 CH_3CH_2OH 的沸点更高。

4-28　提示：由典型的离子晶体到典型的分子晶体。

4-29　非极性分子：$BeCl_2$(直线型)，BCl_3(平面三角形)，CCl_4(正四面体型)；极性分子：H_2S(V 型)，HCl(直线型)，$CHCl_3$(四面体型)。

4-30　共价键：H_2，HCl，H_2O，CS_2(π 键)，NH_3，C_2H_4(π 键)；离子键：NaF；金属键：Cu；极性分子：HCl，H_2O，NH_3。

4-31　提示：考虑氢键的作用。

4-32　Zn^{2+} 为 $18e^-$ 电子构型，Ca^{2+} 为 $8e^-$ 电子构型，Zn^{2+} 的极化作用比 Ca^{2+} 的极化作用大，因此 $ZnCl_2$(488K)的熔点低于 $CaCl_2$(1055K)。

五、第四章自测题一及参考答案

(一) 第四章自测题一

1. 是非题 (每题 1 分，共 10 分)

(1) 角量子数 l 确定原子轨道形状，所以 s 电子在球面轨道上运动。　　　(　　)

(2) 电子组态与 F^- 相同的 +2 价离子为 Mg^{2+}、+3 价离子为 Ti^{3+}。　(　　)

(3) 最外层电子结构属于 $3s^23p^6$ 的 +1 价阳离子是 K^+、-2 价阴离子是 S^{2-}。(　　)

(4) NH_2^- 的空间几何构型为 V 型，则 N 原子的轨道杂化方式为 sp^2 杂化。(　　)

(5) 杂化轨道必有 s 轨道参加。　　　(　　)

(6) 具有相同电子层结构的单原子离子，阳离子的半径往往小于阴离子的半径。

(　　)

(7) 一般来说，离子晶体的晶格能越大，该晶体的热稳定性就越低。　　(　　)

(8) 每个 NaCl 晶胞中含有 4 个 Na^+ 和 4 个 Cl^-。　　　(　　)

(9) 弱极性分子之间的分子间力均以色散力为主。　　　(　　)

(10) 在 CO_2 分子中，由于 C—O 键是极性共价键，所以 CO_2 是极性分子。(　　)

2. 选择题 (每题 2 分，共 24 分)

(1) 下列说法不正确的是　　　(　　)

　　A. 电子在原子轨道中的排布应使整个基态原子的能量处于最低

　　B. 在同一原子中，不可能出现四个量子数完全相同的两个电子

　　C. 在能量简并的轨道上，电子尽先分占不同的轨道，且自旋平行

　　D. 在电子排列顺序中最后排入的电子，在电离时一定会最先失去

（2）表示核外某一电子运动状态的下列各组量子数（n，l，m，m_s）中合理的是 　　　　　（　　）

　　A. 3，2，2，-1/2　　　　　　　　　　B. 3，0，-1，+1/2

　　C. 2，2，2，-1/2　　　　　　　　　　D. 2，-1，0，+1/2

（3）下列关于原子轨道角度分布图的说法正确的是 　　　　（　　）

　　A. 原子轨道的角度分布图更瘦　　　B. 原子轨道的角度分布图没有正负

　　C. 它是波函数角度部分的图像　　　D. 它是科学家的一种合理的想象

（4）在具有下列价层电子结构的原子中，电负性最小的是 　　　（　　）

　　A. $3s^1$　　　　　B. $4s^1$　　　　　C. $3d^5 4s^1$　　　　D. $4d^{10} 5s^1$

（5）下列化合物中没有共价键的是 　　　　　（　　）

　　A. PBr_3　　　　B. IBr　　　　C. HBr　　　　D. $NaBr$

（6）下列分子或离子中，其中心原子不是采用 sp^2 杂化轨道成键，空间构型不是三角形的是 　　　　（　　）

　　A. $SO_3(g)$　　　B. NH_3　　　C. CO_3^{2-}　　　D. NO_3^-

（7）下列分子或离子中，含有配位共价键的是 　　　　（　　）

　　A. NH_4^+　　　B. N_2　　　C. CCl_4　　　D. CO_2

（8）在分子晶体中，分子内原子之间的结合力是 　　　　（　　）

　　A. 共价键　　　B. 离子键　　　C. 金属键　　　D. 范德华力

（9）下列晶体融化时需要破坏共价键的是 　　　　（　　）

　　A. CO_2　　　B. SiO_2　　　C. Hg　　　D. $SiCl_4$

（10）在下列分子中，电偶极矩为零的是 　　　　（　　）

　　A. H_2O　　　B. PF_3　　　C. BeH_2　　　D. NH_3

（11）下列分子中，键角最大的是 　　　　（　　）

　　A. BF_3　　　B. H_2O　　　C. BeH_2　　　D. CCl_4

（12）用于描述 $_{37}Rb$ 原子的价电子的一组量子数是 　　　　（　　）

　　A. 5，0，0，-1/2　　B. 5，1，0，-1/2　　C. 5，2，0，-1/2　　D. 6，0，0，+1/2

3. 填空题（每空 1 分，共 26 分）

（1）具有_____和_____两个基本特征的微观粒子只能用_____方法处理。

（2）基态原子的电子层结构为 $[Ar]3d^5 4s^2$ 的某元素属____区____周期____族；从价电子结构判断稳定性，其二价的简单化合物比三价的更_____；它是____元素。

（3）只要_____、_____和_____三个量子数确定，就可以确定一个原子轨道；三个量子数完全相同的轨道_____相同。

（4）杂化轨道理论首先是由_____提出的，该理论较好地解释了一些多原子分子（或离子）的_____。

（5）成键原子轨道重叠部分沿键轴方向的共价键称为_____键。成键原子轨道重叠部分垂直于键轴所形成的共价键称为_____键。

（6）就分子或键的极性而言，在 CO_2 分子中，C—O 键是_____键，CO_2 分子是_____性分子，固态 CO_2 为_____晶体，晶格节点上的微粒相互间靠_____力结合起来。

（7）常见的杂化轨道有_____、_____、_____、_____、_____、_____。

4. 计算题（共 40 分）

（1）（本小题 5 分） 同周期元素的原子半径有何递变规律？为何主族元素原子半径的变化幅度比副族元素原子半径的变化幅度要大得多？

（2）（本小题 5 分） 阐述原子核外电子的填充顺序应当遵循什么原则，它与核外电子的电离顺序是否一致？并解释原因。

（3）（本小题 10 分） 若子弹飞行速度为 1000m/s，电子在 100V 电场加速时的运动速率为 5.93×10^6 m/s；试分别计算电子运动和子弹飞行的德布罗意波的波长，并讨论它们的波动性。（已知电子的直径为 2.8×10^{-15} m，质量为 9.11×10^{-31} kg，子弹的直径为 10^{-2} m，质量为 10^{-2} kg）

（4）（本小题 10 分） 已知 NaF、MgO、ScN（氮化钪）的晶体构型都是 NaCl 型，它们正负离子核间距依次为 231pm、210pm、233pm。试估计它们的熔点和硬度的大小顺序，并简述理由。

（5）（本小题 10 分） 填写下表：

分子	中心原子杂化方式	等性与否	分子空间构型	分子有无极性
BBr_3				
NH_3				

（二）第四章自测题一参考答案

1. 是非题（每题 1 分，共 10 分）

（1）×；（2）×；（3）√；（4）×；（5）√；（6）√；（7）×；（8）√；
（9）√；（10）×。

2. 选择题（每题 2 分，共 24 分）

（1）D；（2）A；（3）C；（4）B；（5）D；（6）B；（7）A；（8）A；（9）B；
（10）C；（11）C；（12）A。

3. 填空题（每空 1 分，共 20 分）

（1）量子化；波粒二象性；量子力学。

（2）d；四；Ⅶ；稳定；锰（Mn）。

（3）主量子数 n；角量子数 l；磁量子数 m；能量。

（4）鲍林（Pauling）；空间构型。

（5）σ；π。

（6）极性（共价）；非极；分子；分子间（或色散）。

（7）sp，sp^2，sp^3，sp^3d，sp^3d^2，dsp^2，d^2sp^3 等。

4. 计算题（共 40 分）

（1）1）根据原子理论半径的计算公式可知，原子半径随着主量子数（电子层）的增加而增大，随着有效核电荷数的增加而减小：$r_0 = (n^2/Z^*)a_0$

同周期元素主量子数相同，从左到右核电荷数递增，有效核电荷数递增，因此原子半径递减。

2）对于主族元素，随着核电荷的增加，新增加的电子排入最外层，与最外层电子属于同层电子；对于副族元素，随着核电荷的增加，新增加的电子排入次外层的 d 轨道，屏蔽作用较大，有效核电荷增加较少，使得主族元素原子半径的变化幅度比副族元素原子半径的变化幅度要大得多。

（2）原子核外电子的填充顺序应当遵循：泡利不相容原理、能量最低原理和洪德规则。电子的填充顺序与电离顺序不一致，原因是电子的排布，每增加 1 个电子相应地增加 1 个核电荷，而电离过程中核电荷不变。

（3）1）根据 $\lambda = h/mv$，则

λ（子弹）$= 6.626\times10^{-34}$J·s$/(10^{-2}$kg$\times10^3$m/s$) = 6.6\times10^{-35}$m

2）λ（电子）$= 6.626\times10^{-34}$J·s$/(9.11\times10^{-31}$kg$\times5.93\times10^6$m/s$) = 1.23\times10^{-10}$m

3）电子运动的德布罗意波长为 1.23×10^{-10}m，远远大于电子的直径（2.8×10^{-15}m），故电子运动具有显著的波动性；飞行子弹的德布罗意波长为 6.6×10^{-35}m，远远小于其直径（10^{-2}m），所以子弹的运动几乎显示不出波动性。

（4）构型相同的离子晶体，晶格能与核间距成反比，与离子电荷数乘积成正比。ScN、MgO、NaF 三者核间距较为接近，则晶格能随离子电荷增大而更多地增大，熔点、硬度也随之增大。故熔点大小顺序为：ScN>MgO>NaF；硬度大小顺序为：ScN>MgO>NaF。

（5）（10 分）　填写下表：

分子	中心原子杂化方式	等性与否	分子空间构型	分子有无极性
BBr_3	sp^2	等性	平面正三角形	无
NH_3	sp^3	不等性	三角锥形	有

六、第四章自测题二及参考答案

（一）第四章自测题二

1. 是非题（每题 1 分，共 10 分）

（1）元素在周期表中所属族数，不一定等于该元素原子的最外层电子数。　　　（　　）

（2）$n=2$ 的轨道数为 4，$l=3$ 的轨道数为 5。 （ ）

（3）非极性分子中可以存在极性键。 （ ）

（4）NH_3 的空间构型为三角锥，N 原子采用 sp^3 杂化。 （ ）

（5）$PCl_5(g)$ 的空间构型为三角双锥，P 原子以 sp^3d 杂化轨道与 Cl 成键。 （ ）

（6）提出 $n+0.7l$ 规则的中国化学家是徐光宪。 （ ）

（7）Ag^+、Cd^{2+}、Hg^{2+} 都是 18 电子构型的离子。 （ ）

（8）MgO 的晶格能约等于 NaCl 晶格能的 4 倍。 （ ）

（9）金属单质的光泽、传导性、密度、硬度等物理性质，都可以用金属晶体中存在自由电子来解释。 （ ）

（10）冰与干冰相比，其熔点和沸点等物理性质有很大的差异，其重要原因之一是冰中 H_2O 分子间比干冰中 CO_2 分子间多了一种氢键作用。 （ ）

2. 选择题（每题 2 分，共 30 分）

（1）下列关于电子亚层的正确说法是 （ ）

A. p 亚层有一个轨道 B. 同一亚层电子的运动状态相同

C. 同一亚层的各轨道是等价（简并）的 D. s 亚层电子的能量低于 p 亚层电子

（2）基态 $_{19}K$ 原子最外层电子的四个量子数（n,l,m,m_s）正确的是 （ ）

A. 4，0，1，$+1/2$ B. 4，0，0，$-1/2$

C. 3，0，0，$+1/2$ D. 3，1，0，$-1/2$

（3）在一多电子原子中具有如下量子数（n,l,m,m_s）的电子，其中能量最高的是

（ ）

A. 2，1，1，$+1/2$ B. 3，0，0，$-1/2$

C. 3，1，1，$+1/2$ D. 3，2，0，$-1/2$

（4）电子排布为 ［Ar］ 3d 4s 者可以表示 （ ）

| ↑↓ | ↑↓ | ↑↓ | ↑ | ↑ | | |

A. $_{25}Mn^{2+}$ B. $_{24}Cr^{3+}$ C. $_{27}Co^{3+}$ D. $_{28}Ni^{2+}$

（5）下列各组分子中，化学键均有极性，但分子偶极矩均为零的是 （ ）

A. NO_2、PCl_3、CH_4 B. NH_3、BF_3、H_2S

C. N_2、CS_2、PH_3 D. CS_2、BCl_3、$PCl_5(g)$

（6）下列化合物中，既存在离子键和共价键，又存在配位键的是 （ ）

A. H_3PO_4 B. $BaCl_2$ C. NH_4F D. NaOH

（7）下列离子中，具有成单电子数最多的是 （ ）

A. Fe^{2+} B. Co^{3+} C. Mn^{2+} D. Al^{3+}

（8）原子轨道沿两核联线以"肩并肩"的方式进行重叠的键是 （ ）

A. σ 键 B. π 键 C. 氢键 D. 离子键

（9）下列物质中属于分子晶体的是 （ ）

A. 金刚砂 B. 石墨 C. 溴化钾 D. 氯化碘

（10）下列物质的晶体，其晶格结点上粒子间以分子间力结合的是　　　　（　　）

    A. KBr　　　　　B. CCl_4　　　　　C. MgF_2　　　　　D. SiC

（11）首先建立原子核外电子运动波动方程式的科学家是　　　　　　　　（　　）

    A. 玻尔　　　　　B. 薛定谔　　　　　C. 普朗克　　　　　D. 吉布斯

（12）下列各物质熔点最高的是　　　　　　　　　　　　　　　　　　　（　　）

    A. FeS　　　　　B. WC　　　　　C. $BaCO_3$　　　　　D. CaC_2

（13）下列分子中电偶极矩不为零的是　　　　　　　　　　　　　　　　（　　）

    A. CCl_4　　　　　B. H_2S　　　　　C. CO_2　　　　　D. CS_2

（14）原子中主量子数为 3 的电子所处的状态应有　　　　　　　　　　（　　）

    A. 16 种　　　　　B. 18 种　　　　　C. 32 种　　　　　D. 8 种　　　E. 9 种

（15）下列元素的第二电离能，估计最大的是　　　　　　　　　　　　　（　　）

    A. Na　　　　　B. Mg　　　　　C. Al　　　　　D. Si

3. 填空题（每空 1 分，共 20 分）

（1）$Y(\theta,\phi)$ 对 (θ,ϕ) 所作图形称为波函数（原子轨道）角度分布图，$Y^2(\theta,\phi)$ 对 (θ,ϕ) 所作图形称为_____。

（2）$Z=26$ 元素基态原子的电子层结构为_____，属____周期____族；其金属性比同一周期最外层电子结构相同的主族元素_____；该元素为_____。

（3）金属键的特征是：没有_____性和_____性。

（4）在 NaCl 晶体中，Na^+ 的配位数为_____，每个晶胞所包含的 Cl^- 数目为_____。

（5）根据杂化轨道理论，BCl_3 分子中 B 采取_____杂化，分子的空间构型是____，电偶极矩_____（填>或=）零；PCl_3 分子中 P 采取_____杂化，分子空间构型是_____，电偶极矩_____（填>或=）零。

（6）金刚石属_____晶体，KCl 属_____晶体，干冰属_____晶体。以上三者中熔点最低的是_____。

4. 计算题（共 40 分）

（1）（本小题 5 分）　试解释硼的第一电离能小于铍的第一电离能，而硼的第二电离能却大于铍的第二电离能。

（2）（本小题 10 分）　试从以下几个方面简要比较 σ 键和 π 键：

1）原子轨道的重叠方式；

2）成键电子的电子云分布；

3）原子轨道的重叠程度；

4）常见成键原子轨道类型（各举一例）。

（3）（本小题 5 分）　取向力只存在于极性分子之间。色散力只存在于非极性分子之间。这两句话是否正确？试解释之。

（4）（本小题 5 分）　石墨的熔点很高，说明石墨晶体中各粒子间作用力很强。石墨的硬度很低，说明石墨晶体中各粒子间作用力很弱。以上两种说法看似都有道理，却又互相矛盾，试辨析之。

（5）（本小题 5 分）　高温时碘分子可离解为碘原子：$I_2(g) \rightleftharpoons 2I(g)$。该反应在 1473K 和 1173K 时标准平衡常数之比为 $K^{\ominus}_{1473}/K^{\ominus}_{1173} = 24.30$，求 I—I 键能。

（6）（本小题 5 分）　按顺序（用符号>或<）排列下列各组物质的性质：

1）BaO、CaO、NaI、MgO、$NaBr$ 的晶格能大小；

2）K、As、Cl、Cs、Ni 的电离能大小。

（7）（本小题 5 分）　写出原子序数为 24、47 的元素的名称、符号、电子排布式，说明所在的周期和族。

（二）第四章自测题二参考答案

1. 是非题（每题 1 分，共 10 分）

（1）√；（2）×；（3）√；（4）√；（5）√；（6）√；（7）√；（8）√；

（9）×；（10）√。

2. 选择题（每题 2 分，共 30 分）

（1）C；（2）B；（3）D；（4）D；（5）D；（6）C；（7）C；（8）B；（9）D；

（10）B；（11）B；（12）B；（13）B；（14）B；（15）A。

3. 填空题（每空 1 分，共 20 分）

（1）电子云的角度分布图。

（2）$[Kr]3d^6 4s^2$；四；ⅧB；弱；铁 Mo。

（3）方向；饱和。

（4）6；4。

（5）sp^2；平面正三角形；＝；sp^3 不等性；三角锥；>。

（6）原子晶体（共价晶体）；离子晶体；分子晶体；干冰。

4. 计算题（共 40 分）

（1）（本小题 5 分）　铍和硼的第一级、第二级电离过程如下式所示：

Be：$1s^2 2s^2 \rightarrow 1s^2 2s^1 \rightarrow 1s^2$

B：$1s^2 2s^2 2p^1 \rightarrow 1s^2 2s^2 \rightarrow 1s^2 2s^1$

由式可见：硼的第一级电离失去 $2p^1$ 电子而出现全充满的稳定结构，比较容易；铍的第一级电离失去 $2s^2$ 上的 1 个电子，破坏了全充满的稳定结构，比较困难。所以硼的第一电离能小于铍的第一电离能。

硼的第二级电离，失去 $2s^2$ 上的 1 个电子，破坏了全充满的稳定结构，比较困难；铍的第二级电离失去 $2s^1$ 上的 1 个电子而出现全充满的稳定结构，比较容易。所以硼的第二电离能却大于铍的第二电离能。

（2）（本小题 10 分）　1）σ 键：沿键轴方向重叠；π 键在垂直键轴方向重叠。

2）σ 键：键轴方向电子云密度大；π 键：键轴两侧电子云密度大。

3）σ 键：重叠程度较大；π 键：重叠程度较小。

4）σ 键：s-p_x 或 s-s；π 键：p_y-p_y 或 p_z-p_z 等。

（3）（本小题 5 分）　第一句话正确，因为取向力是由分子固有偶极产生的，只有极性分子才有固有偶极，产生取向作用。第二句话不正确，因为色散力是由瞬时偶极产生的，而所有分子都具有瞬时偶极。

（4）（本小题 5 分）　石墨是一种混合键型晶体，具有层状结构。晶体中同层碳原子以 sp^2 杂化形成共价键。每个 C 原子以 3 个共价键与相邻 3 个 C 原子相连，形成无限的正六角形的蜂巢状的片层结构，在同一平面的 C 原子还剩下一个 p 轨道和一个 p 电子，这些 p 轨道相互平行，且垂直于 C 原子 sp^2 杂化构成的平面，形成离域 π 键。石墨中层与层之间相隔较远，以范德华力相结合。熔点和硬度的特征是这种特殊的层状结构在不同方面的表现形式：在同一平面层中的碳原子结合力很强，所以石墨的熔点高；层与层之间作用力较弱，石墨片层之间容易滑动，硬度很低。

（5）（本小题 5 分）　根据 $-RT\ln K^{\ominus}=\Delta G^{\ominus}=\Delta H^{\ominus}+T\Delta S^{\ominus}$，对于反应 $I_2(g)\rightleftharpoons 2I(g)$，有

$$-RT_{1473}\ln K^{\ominus}_{1473}=\Delta G^{\ominus}_{1473}=\Delta H^{\ominus}+T_{1473}\Delta S^{\ominus} \tag{1}$$

$$-RT_{1173}\ln K^{\ominus}_{1173}=\Delta G^{\ominus}_{1173}=\Delta H^{\ominus}+T_{1173}\Delta S^{\ominus} \tag{2}$$

在温度变化不大的范围内，$\Delta H^{\ominus}$、$\Delta S^{\ominus}$ 可认为是常数。

由式（1）得　　　　　$-R\ln K^{\ominus}_{1473}=\Delta H^{\ominus}/T_{1473}+\Delta S^{\ominus}$ $\tag{3}$

由式（2）得　　　　　$-R\ln K^{\ominus}_{1173}=\Delta H^{\ominus}/T_{1173}+\Delta S^{\ominus}$ $\tag{4}$

式（3）-式（4），得　$-R\ln(K^{\ominus}_{1473}/K^{\ominus}_{1173})=\Delta H^{\ominus}/T_{1473}-\Delta H^{\ominus}/T_{1173}$

将 $K^{\ominus}_{1473}/K^{\ominus}_{1173}=24.30$ 代入上式解得　$\Delta H^{\ominus}=152.8kJ/mol$

所以 I—I 键能　$E_{I-I}=\Delta H^{\ominus}=152.8kJ/mol$

（6）（本小题 5 分）

1）$MgO>CaO>BaO>NaBr>NaI$；

2）$Cs<K<Ni<As<Cl$。

（7）（本小题 5 分）

原子序数	名称	符号	电子结构式	周期	族
24	铬	Cr	$[Ar]3d^5 4s^1$	4	ⅥB
47	银	Ag	$[Kr]4d^{10}5s^1$	5	ⅠB

附录　综合测试题

综合测试题一

一、判断题，对的在题末括号内填"+"、错的填"-"。
（本大题分 20 小题，每小题 1 分，共 20 分）

1. 已知在某温度范围内，反应 $2NO+H_2 \rightarrow N_2+H_2O_2$ 为（基）元反应，则在该温度范围内此反应的速率方程为 $v=k\{c(NO)\}^2 \cdot c(H_2)$。　　　　　　　（　　）

2. s 电子绕核运动的轨道为一圆圈，而 p 电子走的是 8 字形轨道。　（　　）

3. 冰与干冰相比，其熔点和沸点等物理性质有很大的差异，其重要原因之一是冰中 H_2O 分子间比干冰中 CO_2 分子间多了一种氢键作用。　　　（　　）

4. 亚硝酸强碱盐与水的反应 $NO_2^- + H_2O \rightleftharpoons HNO_2 + OH^-$ 的标准平衡常数 $K^\ominus = K_w^\ominus / K_a^\ominus$（$HNO_2$）。　　　　　　　　　　　　　　　　（　　）

5. 已知 Ag_2CrO_4 的 $K_{sp}^\ominus = 1.12 \times 10^{-12}$，AgCl 的 $K_{sp}^\ominus = 1.77 \times 10^{-10}$，则 Ag_2CrO_4 的溶解度（mol/dm^3）比 AgCl 的溶解度（mol/dm^3）小。　　　　　　（　　）

6. 同一主量子数的原子轨道并不一定属于同一能级组。　　　　（　　）

7. 外层电子构型为 18 电子的只有 ds 区元素的离子。　　　　　（　　）

8. 对于（自发的）浓差电池：$(-)Ag|AgNO_3(c_1) \| AgNO_3(c_2)|Ag(+)$，可由能斯特公式推得，其 25℃时的电动势 $E = 0.05917Vlg(c_2/c_1)$，且 $c_2 > c_1$。　（　　）

9. 反应 $1/2N_2(g)+CO_2(g) \Longrightarrow NO(g)+CO(g)$，$\Delta_r H_m < 0$。当温度升高时，$r_正$ 增大，$K^\ominus$ 也增大。　　　　　　　　　　　　　　　　　　　　　（　　）

10. 反应 $C_2H_4(g)+3O_2(g) \rightleftharpoons 2H_2O(l)+2CO_2(g)$，当减小容器容积以增大总压力时，对化学平衡无影响。　　　　　　　　　　　　　　　　（　　）

11. 当原子中某电子的三个量子数分别为 $n=2$，$l=2$，$m=+1$ 时，可以作为激发态存在。　　　　　　　　　　　　　　　　　　　　　　　　　（　　）

12. 非金属原子之间是以共价键结合而形成分子，所以它们的晶体都属于分子晶体。　　　　　　　　　　　　　　　　　　　　　　　　　　　（　　）

13. 若将氨水的浓度稀释一倍，则溶液中 $c(OH^-)$ 也相应减小至二分之一。　（　　）

14. 一定温度下，由于尿素 $CO(NH_2)_2$ 与乙二醇（$CH_2OH)_2$ 的相对分子质量不同，所以相同浓度的这两种物质稀的水溶液的渗透压也不相同。　　　　（　　）

15. 相同浓度的 H_2CO_3 和 H_2SO_3 溶液中, $c(SO_3^{2-})>c(CO_3^{2-})$, 则 H_2CO_3 溶液的 pH 值小于 H_2SO_3 溶液的 pH 值。 (　　)

16. 已知 $E^{\ominus}(HClO/Cl_2)= 1.63V$, $E^{\ominus}(Cl_2/Cl^-)= 1.36V$。则反应 $Cl^-+HClO \rightarrow Cl_2+H_2O$ 在标准态条件下, 能正向自发进行。 (　　)

17. 由于半衰期为反应物浓度降为初始浓度一半时所需的时间, 故半衰期与初始浓度有关。 (　　)

18. 金或铂能溶于王水, 王水中的硝酸是氧化剂, 盐酸是配合剂。 (　　)

19. H_2S 溶液中 S^{2-} 的浓度数值上等于其 $K_{a2}^{\ominus}$, H_3PO_4 溶液中 PO_4^{3-} 的浓度等于其 $K_{a3}^{\ominus}$。 (　　)

20. s 电子与 s 电子之间形成的键一定是 σ 键, 而 p 电子与 p 电子之间配对形成的键一定是 π 键。 (　　)

二、单项选择题，将正确答案的代码填入题末的括号内。

(本大题分 15 小题，每小题 2 分，共 30 分)

1. 暴露在常温空气中的碳并不燃烧, 这是由于反应 $C(s)+O_2(g)\Longrightarrow CO_2(g)$ 的 (　　)

A. $\Delta_r G_m^{\ominus}>0$, 不能自发进行　　　　B. $\Delta_r G_m^{\ominus}<0$, 但反应速率较缓慢
C. 逆反应速率大于正反应速率　　　　D. 上述原因均不正确

2. 升高温度一般能使反应速率提高, 这是由于温度升高能 (　　)
A. 使反应的活化能降低　　　　B. 使平衡向正方向移动
C. 使反应速率常数增大
D. 使阿仑尼乌斯公式中的指前因子增大

3. 晶格能的大小, 常用来表示 (　　)
A. 共价键的强弱　　　　B. 金属键的强弱
C. 离子键的强弱　　　　D. 氢键的强弱

4. 下列分子中电偶极矩最大的是 (　　)
A. HCl　　　　B. H_2　　　　C. HI　　　　D. CO_2

5. 下列各等浓度的配合物溶液中, 导电性最高的是 (　　)
A. $[Co(NH_3)_6]Cl_3$　　　　B. $[CoCl_3(NH_3)_3]$
C. $[CoCl(NH_3)_5]Cl_2$　　　　D. $[CoCl_2(NH_3)_4]Cl$

6. 在含有 0.10mol/dm³ NH_3 和 0.10mol/dm³ NH_4Cl 的混合溶液中, 加入少量强酸后, 溶液的 pH 值将 (　　)
A. 显著降低　　　　B. 显著增加
C. 保持基本稳定　　　　D. 不受任何影响

7. 当基态原子第四电子层只有 2 个电子时, 则原子的第三电子层的电子数 (　　)
A. 只能是 8　　B. 可能是 8~18　　C. 只能是 18　　D. 可能是 18~32

8. 对于一般的（非零级）化学反应，随着反应的进行，下述描述中正确的是　（　　）

    A. 反应物逐渐减少，直至其浓度为零　　　B. 反应速率常数逐渐变小

    C. 标准平衡常数逐渐变大　　　　　　　　D. 正反应速率逐渐变小

9. 下列分子中，两个相邻共价键间夹角最小的是　　　　　　　　　　　　　（　　）

    A. H_2O　　　　　　B. $BeCl_2$　　　　　　C. CH_4　　　　　　D. BF_3

10. 下列物质中熔点最高的是　　　　　　　　　　　　　　　　　　　　　　（　　）

    A. NH_3　　　　　　B. MgO　　　　　　C. CaO　　　　　　D. BaO

11. 利用稀溶液的依数性有四种测量摩尔质量的方法，其中测定聚合物摩尔质量最佳的方法是　　　　　　　　　　　　　　　　　　　　　　　　　　　　　　　　（　　）

    A. 沸点上升法　　　　　　　　　　　B. 蒸气压下降法

    C. 凝固点下降法　　　　　　　　　　D. 渗透压法

12. 由两个氢电极组成的浓差电池，其中一个是标准氢电极，为了得到最小的电动势，另一个电极浸入的酸性溶液（设两极的 $p(H_2)=100kPa$）应为（下列溶液的各物质浓度均为 $0.1mol/dm^3$，$K_a^{\ominus}(HAc)=1.76\times10^{-5}$，$K_{a1}^{\ominus}(H_3PO_4)=7.52\times10^{-3}$）　（　　）

    A. HCl 溶液　　　　　　　　　　　B. HAc 与 $NaAc$ 混合溶液

    C. HAc 溶液　　　　　　　　　　　D. H_3PO_4 溶液

13. 将反应 $2Fe^{3+}+Cu=2Fe^{2+}+Cu^{2+}$ 改写为 $Fe^{3+}+\frac{1}{2}Cu=Fe^{2+}+\frac{1}{2}Cu^{2+}$，在标准条件下，比较这两个反应方程式，下列叙述中不正确的是　　　　　　　　　　　　（　　）

    A. 电子得失数不同　　　　　　　　　B. 组成自发电池时，电动势 $E^{\ominus}$ 相同

    C. $\Delta_rG_m^{\ominus}$ 不同，$K^{\ominus}$ 值也不同　　　D. 组成原电池时，铜作为正极

14. 298K 时，反应 $2C_6H_6(l)+15O_2(g)=6H_2O(l)+12CO_2(g)$ 的等压热效应 Q_p 与等容热效应 Q_V 之差（Q_p-Q_V）约为　　　　　　　　　　　　　　　　　（　　）

    A. 2.5kJ/mol　　　　　　　　　　　B. -2.5kJ/mol

    C. 7.4kJ/mol　　　　　　　　　　　D. -7.4kJ/mol

15. 一级反应的速率常数 k 的量纲应是　　　　　　　　　　　　　　　　　（　　）

    A. 浓度$^{-2}$×时间$^{-1}$　　　　　　　　B. 浓度×时间$^{-1}$

    C. 时间$^{-1}$　　　　　　　　　　　　D. 浓度$^{-1}$×时间$^{-1}$

三、多项选择题：将一个或两个正确答案的代码填入题末的括号内。若正确答案只有一个，多选时，该题为 0 分；若正确答案有两个，只选一个且正确，给 1 分，选两个且都正确给 2 分，但只要选错一个，该小题就为 0 分。（本大题分 5 小题，每小题 2 分，共 10 分）

1. 温度升高而一定增大的量是　　　　　　　　　　　　　　　　　　　　　（　　）

    A. $\Delta_rG_m^{\ominus}$　　　　　　　　　　　　　B. 吸热反应的平衡常数 $K^{\ominus}$

  C. 物质的标准摩尔熵 $S_m^{\ominus}$ D. 物质的溶解度 S

2. CaC_2O_4 固体溶解度在下列溶液中溶解度大于纯水溶液中的是   (   )

  A. HAc   B. $CaCl_2$ C. EDTA   D. $Na_2C_2O_4$

3. 下列说法正确的是   (   )

  A. 一定温度下气液两相达平衡时的蒸气压称为该液体的在此温度下的饱和蒸气压

  B. 氢的电极电势是零

  C. 催化剂既不改变反应的 $\Delta_r H_m$，也不改变反应的 $\Delta_r S_m$ 和 $\Delta_r G_m$

  D. 聚集状态相同的几种物质混合在一起，一定组成单相系统

4. 在 298.15K 和标准条件下，金刚石的 $\Delta_f H_m^{\ominus}$ 是   (   )

  A. 大于零   B. 等于零

  C. 小于零   D. 大于石墨的 $\Delta_f H_m^{\ominus}$

5. 下列各组等体积混合物溶液中属于较好的缓冲溶液的是   (   )

  A. $10^{-5}mol/dm^3$ HAc $+10^{-5}mol/dm^3$ NaAc

  B. $0.5mol/dm^3$ HAc $+0.7mol/dm^3$ NaAc

  C. $0.2mol/dm^3$ HAc $+0.0002mol/dm^3$ NaAc

  D. $0.1mol/dm^3$ NH_3+$0.1mol/dm^3$ NH_4Cl

四、填空题。

(本大题分 9 小题，共 20 分)

1. （1 分）　HSO_4^- 和 CO_3^{2-} 的共轭酸分别是 _____ 和 _____ 。

2. （2 分）　指出下列物质的晶体类型：

MgO _____ ；SO_2_____ ；

SiO_2_____ ；Ca _____ 。

3. （2 分）　298K 时，AgI 可溶于 NaCN 溶液，其反应为：$AgI(s) + 2CN^-(aq) =$ $[Ag(CN)_2]^-(aq)+I^-(aq)$，则可利用 $K_{sp}^{\ominus}(AgI)$ 及 $K_f^{\ominus}([Ag(CN)_2]^-)$ 表达此反应的标准平衡常数 $K^{\ominus} = $ _____ 。

4. （2 分）　从下列物理量：电负性、电离能、晶格能、电偶极矩中选择最恰当的填入空格中（每个物理量限填 1 次）：（1）分子的 _____ 越大，则极性越大；（2）元素的 _____ 越小，则其金属性越强；（3）离子晶体的 _____ 越大，则其熔点越高；（4）元素的 _____ 越大，则其原子吸引成键电子的能力越强。

5. （2 分）　为了防止 $Mn(OH)_2$ 沉淀生成，当溶液中 $c(Mn^{2+}) = 0.10mol/dm^3$ 时，$c(OH^-)$ 应小于 _____ 。（已知 $K_{sp}^{\ominus}\{Mn(OH)_2\} = 2.06×10^{-13}$）

6. （3 分）　BBr_3 中心离子杂化方式为 _____ ，空间构型为 _____ ，为 _____ 分子；PCl_3 中心离子杂化方式为 _____ ，空间构型为 _____ ，为 _____ 分子。

7. （2 分）　室温 25℃ 下，将 1.24g 某试样溶于 20g 水中，溶液的凝固点为 -1.86℃，

则该试样的相对分子质量为_____，此溶液的蒸气压为_____。（水的 k_{fp} = 1.86K·kg/mol，25℃水的饱和蒸气压为 2.37kPa）

8.（2分）　原子序数为 27 的原子核外电子排布式为_____，元素名称和元素符号分别为_____和_____。

9.（4分）　比较下列各值大小（用>或<表示）：

（1）元素电离能　N_____O；（2）元素电负性　O_____S；

（3）原子半径　S_____Cl；　（4）单电子数目　$[FeF_6]^{3-}$_____$[Fe(CN)_6]^{3-}$。

五、根据题目要求，通过计算解答下列各题。

（本大题共 3 小题，总计 20 分）

1.（本小题8分）　已知反应 $Cu_2O(s)=2Cu(s)+\frac{1}{2}O_2(g)$。$Cu_2O$ 的 $\Delta_f H_m^{\ominus}$ 和 $\Delta_f G_m^{\ominus}$ 分别为-168.6kJ/mol 和-146.0kJ/mol。试估算 2300K 时，氧气的平衡分压 $p(O_2)$。

2.（本小题5分）　反应 $SO_2Cl_2 \rightarrow SO_2+Cl_2$ 是一级的气相反应。（1）在 320℃时，k = $2.2\times10^{-5}s^{-1}$。问反应经过 90min 后 SO_2Cl_2 的分解百分数是多少？（2）若上述反应 320℃时的反应速率约为 300℃时的 3 倍，计算此反应的活化能。

3.（本小题7分）　铜的歧化反应为 $2Cu^+(aq)=Cu^{2+}(aq)+Cu(s)$，试设计原电池，写出电池符号和电极反应，并求 25℃ 时歧化反应的 $\Delta_r G_m^{\ominus}$ 和 $K^{\ominus}$ 分别为多少。[已知 $E^{\ominus}(Cu^{2+}/Cu)$ = 0.3419V，$E^{\ominus}(Cu^+/Cu)$ = 0.521V，$E^{\ominus}(Cu^{2+}/Cu^+)$ = 0.1628V]

综合测试题一参考答案

一、判断题，对的在题末括号内填"+"、错的填"-"。

（本大题分 20 小题，每小题 1 分，共 20 分）

1~5：+ - + + -；6~10：+ - + - -；11~15：- - - - -；16~20：+ - + - -。

二、单项选择题。

（本大题分 15 小题，每小题 2 分，共 30 分）

1~5：BCCAA；6~10：CBDAB；11~15：DADDC。

三、多项选择题。

（本大题分 5 小题，每小题 2 分，共 10 分）

1：BC；2：AC；3：AC；4：AD；5：BD。

四、填空题。

（本大题分 9 小题，共 20 分）

1. （1 分） H_2SO_4；HCO_3^- 各 0.5 分
2. （2 分）   离子晶体；分子晶体；原子晶体；金属晶体   各 0.5 分
3. （2 分） $K_{sp}^{\ominus} \cdot K_f^{\ominus}$ 2 分
4. （2 分）   电偶极矩；电离能；晶格能；电负性   各 0.5 分
5. （2 分） $1.44 \times 10^{-6} \, \text{mol/dm}^3$ 2 分
6. （3 分） sp^2 杂化；平面（正）三角形；非极性；
           不等性 sp^3 杂化；三角锥形；极性   各 0.5 分
7. （2 分）   62；2.33kPa   各 1 分
8. （2 分） $[Ar]3d^7 4s^2$；钴；Co   1 分/0.5 分/0.5 分
9. （4 分）   >；>；>；>   各 1 分

五、根据题目要求，通过计算解答下列各题。

（本大题共 3 小题，总计 20 分）

1. （本小题 8 分）

$$\Delta_r H_m^{\ominus}(298.15\text{K}) = \sum \nu_B \Delta_f H_m^{\ominus}(298.15\text{K}) = 168.6\text{kJ/mol}$$ 1 分

$$\Delta_r G_m^{\ominus}(298.15\text{K}) = \sum \nu_B \Delta_f G_m^{\ominus}(298.15\text{K}) = 146.0\text{kJ/mol}$$ 1 分

$$\Delta_r S_m^{\ominus}(298.15\text{K}) = [\Delta_r H_m^{\ominus}(298.15\text{K}) - \Delta_r G_m^{\ominus}(298.15\text{K})]/T$$

$$= (168.6 - 146.0)/298.15 = 0.0758\text{kJ}/(\text{mol} \cdot \text{K})$$ 　　2分

$$\Delta_r G_m^{\ominus}(2300\text{K}) = \Delta_r H_m^{\ominus}(298.15\text{K}) - T\Delta_r S_m^{\ominus}(298.15\text{K}) = -5.74\text{kJ}/\text{mol}$$ 　　1分

$$\ln K^{\ominus}(2300\text{K}) = -\Delta_r G_m^{\ominus}(2300\text{K})/(RT) = 0.300$$ 　　1分

$$K^{\ominus}(2300\text{K}) = 1.35$$ 　　1分

$$K^{\ominus} = [p(O_2)/p^{\ominus}]^{1/2}$$

$$p(O_2) = 1.82 \times 10^5 \text{Pa}$$ 　　1分

2. (本小题5分)

解：(1) $\ln\dfrac{1}{1-x} = kt = 2.2 \times 10^{-5}\text{s}^{-1} \times 90\text{min} \times 60\text{s}/\text{min} = 0.118$ 　　2分

$$\dfrac{1}{1-x} = 1.1261 \qquad x = 0.112 = 11.2\%$$ 　　1分

(2) $\ln\dfrac{k_2}{k_1} = \dfrac{E_a}{R} \times \dfrac{T_2 - T_1}{T_2 T_1}$ 　　1分

$$\ln 3 = \dfrac{E_a}{R} \times \dfrac{593.15 - 573.15}{593.15 \times 573.15}$$

$$E_a = 155.26\text{kJ}/\text{mol}$$ 　　1分

3. (本小题7分)

电池符号：$(-)\ \text{Pt}|\text{Cu}^+(\text{aq}),\ \text{Cu}^{2+}(\text{aq}) \| \text{Cu}^+(\text{aq})|\text{Cu}(+)$ 　　1分

电极反应：正极：$\text{Cu}^+(\text{aq}) + \text{e}^- = \text{Cu}(\text{s})$ 　　0.5分

负极：$\text{Cu}^{2+}(\text{aq}) + \text{e}^- = \text{Cu}^+(\text{aq})$ 或 $\text{Cu}^+(\text{aq}) - \text{e}^- = \text{Cu}^{2+}(\text{aq})$ 　　0.5分

$$E^{\ominus} = E^{\ominus}(\text{Cu}^+/\text{Cu}) - E^{\ominus}(\text{Cu}^{2+}/\text{Cu}^+) = 0.3582\text{V}$$ 　　1分

$$\Delta_r G_m^{\ominus} = -nFE^{\ominus}$$ 　　1分

$$\Delta_r G_m^{\ominus} = -34.5\text{kJ}/\text{mol}$$ 　　1分

$$\lg K^{\ominus} = nE^{\ominus}/0.05917\text{V} = 6.054$$ 　　1分

$$K^{\ominus} = 1.13 \times 10^6$$ 　　1分

（提供者：王明文）

综合测试题二

一、判断题，对的在题末括号内填"+"、错的填"−"。
（本大题分 20 小题，每小题 1 分，共 20 分）

1. 湿空气比干燥的空气密度小。　　　　　　　　　　　　　　　　　（　　）

2. 聚集状态相同的物质组成的系统定为单相系统。　　　　　　　　　（　　）

3. 一定温度下，将适量 NaAc 晶体加入 HAc 水溶液中，则 HAc 的标准解离常数 $K_a^{\ominus}$ 会减小。　　　　　　　　　　　　　　　　　　　　　　　　　　　　　（　　）

4. 恒温、恒压条件下，封闭系统中，$\Delta_r S_m > 0$ 的反应可能自发，也可能非自发。

（　　）

5. s 电子绕核运动的轨道为一圆圈，而 p 电子走的是 8 字形轨道。　（　　）

6. 冰与干冰相比，其熔点和沸点等物理性质有很大的差异，其重要原因之一是冰中 H_2O 分子间比干冰中 CO_2 分子间多了一种氢键作用。　　　　　　　（　　）

7. 在原电池中正极又称为阴极，负极又称为阳极；而在电解池中连接直流电源正极的是阳极，连接直流电源负极的是阴极。　　　　　　　　　　　　　　（　　）

8. 亚硝酸根与水的反应 $NO_2^- + H_2O \rightleftharpoons HNO_2 + OH^-$ 的标准平衡常数 $K^{\ominus} = K_w^{\ominus} \cdot K_a^{\ominus}(HNO_2)$。　　　　　　　　　　　　　　　　　　　　　　　　　　（　　）

9. 电极反应 $O_2 + 4e^- + 2H_2O \Longrightarrow 4OH^-$ 与 $2OH^- - 2e^- \Longrightarrow 1/2O_2 + H_2O$ 所对应的标准电极电势的数值是相同的。　　　　　　　　　　　　　　　　　（　　）

10. 已知 Ag_2CrO_4 的 $K_{sp}^{\ominus} = 1.12 \times 10^{-12}$，AgCl 的 $K_{sp}^{\ominus} = 1.77 \times 10^{-10}$，则 Ag_2CrO_4 的溶解度（mol/dm^3）比 AgCl 的溶解度（mol/dm^3）小。　　　　　　（　　）

11. 由于尿素与丙三醇的相对分子质量不同，所以由它们分别配制的相同质量摩尔浓度的两种稀水溶液的蒸气压下降数值也不同。　　　　　　　　　　　（　　）

12. 凡化学计量数增大的反应，均为 $\Delta_r S_m > 0$ 的反应。　　　　　　（　　）

13. 金属铁比铜活泼，Fe 可以置换 Cu^{2+}，因而三氯化铁不能腐蚀金属铜。［已知 $E^{\ominus}(Fe^{2+}/Fe) = -0.44V$，$E^{\ominus}(Cu^{2+}/Cu) = 0.34V$，$E^{\ominus}(Fe^{3+}/Fe^{2+}) = 0.77V$］　（　　）

14. 如果某反应 500K 温度时的标准平衡常数大于它在 600K 时的标准平衡常数，则此反应的 $\Delta_r H_m^{\ominus} > 0$。　　　　　　　　　　　　　　　　　　　　　（　　）

15. 反应 $C(s) + H_2O(g) \rightleftharpoons CO(g) + H_2(g)$，$\Delta_r H_m^{\ominus} > 0$，当反应达到平衡后，若升高温度，则正反应速率 $r_{正}$ 增加，逆反应速率 $r_{逆}$ 减小，平衡向右移动。　　（　　）

16. 已知 OF_2 是极性分子，可判定其分子构型为"V"形结构。　　（　　）

17. 已知某温度下，M（某元素的稳定单质）为炼钢时的脱氧剂，有反应 FeO(s) + M(s) ══ Fe(s) + MO(s) 自发进行，则可知在该条件下 $\Delta_f G_m(MO, s) < \Delta_f G_m(FeO, s)$。（　　）

18. 对于有难溶电解质参加的反应，为了使其溶解，应采取适当的措施降低有关离子的浓度。若能因此而使溶解反应的反应商 $J < K_{sp}^{\ominus}$ 时，则反应就向溶解方向进行。 （　）

19. 若原子中某一电子处于 $n=3$，$l=1$，$m=0$ 的状态，则该电子是 3s 电子。 （　）

20. 已知 $E^{\ominus}(I_2/I^-) = 0.54V$，$E^{\ominus}(Sn^{4+}/Sn^{2+}) = 0.15V$，则反应 $2KI + SnCl_4 \rightleftharpoons SnCl_2 + 2KCl + I_2$ 在标准态条件下正向自发进行。 （　）

二、单项选择题，将正确答案的代码填入题末的括号内。
（本大题分 20 小题，每小题 1.5 分，共 30 分）

1. 下列分子中，键和分子都有极性的是 （　）

   A. Cl_2 B. NH_3 C. CH_4 D. BF_3

2. 如果系统经过一系列变化，最后又变到初始状态，则系统在此过程中的（Q 为系统自环境吸收的热，W 为环境对系统作的功） （　）

   A. $Q=0$，$W=0$，$\Delta U=0$，$\Delta H=0$ B. $Q \neq 0$，$W=0$，$\Delta U=0$，$\Delta H=0$

   C. $Q=-W$，$\Delta U=Q+W=\Delta H=0$ D. $Q \neq -W$，$\Delta U \neq Q+W$，$\Delta H=Q$

3. 升高温度一般能使反应速率提高，这是由于温度升高能 （　）

   A. 使反应的活化能降低   B. 使平衡向正方向移动

   C. 使反应速率常数增大   D. 使反应的活化能增大

4. 在 101.325kPa 压力下，加热 0.010mol/kg 的蔗糖水溶液至开始沸腾的一瞬间，该溶液的温度是 （　）

   A. $=100℃$ B. $<100℃$ C. $>100℃$ D. 不可确定

5. 对于原电池：$(-)Zn|Zn^{2+}(c_1) \| Ag^+(c_2)|Ag(+)$，若加大 Zn^{2+} 的浓度 c_1，原电池的电动势将 （　）

   A. 增大   B. 减小   C. 不变   D. 无法判断

6. 下列物质中熔点最高的是 （　）

   A. NH_3 B. MgO C. CaO D. BaO

7. 298K 时，反应 $2C_6H_6(l) + 15O_2(g) = 6H_2O(l) + 12CO_2(g)$ 的等压热效应 Q_p 与等容热效应 Q_V 之差（$Q_p - Q_V$）约为 （　）

   A. 3.7kJ/mol   B. −3.7kJ/mol   C. 7.4kJ/mol   D. −7.4kJ/mol

8. 用氨水可把固体 AgI 和 AgBr 的混合物分离，其中 AgBr 固体溶解于氨水，而 AgI 固体不溶。引起这两种物质在氨水中溶解度差别的原因是 （　）

   A. $K_{sp}^{\ominus}(AgBr) > K_{sp}^{\ominus}(AgI)$ B. $K_{sp}^{\ominus}(AgBr) < K_{sp}^{\ominus}(AgI)$

   C. $K^{\ominus}(稳，[Ag(NH_3)_2]^+)$ 较大   D. $K^{\ominus}(不稳，[Ag(NH_3)_2]^+)$ 较大

9. 原子轨道沿两核联线以"肩并肩"的方式进行重叠的键是 （　）

   A. σ 键   B. π 键   C. 氢键   D. 离子键

10. 下列各等浓度的配合物溶液中，导电性最高的是 （　）

   A. $[Co(NH_3)_6]Cl_3$ B. $[CoCl_3(NH_3)_3]$

   C. $[CoCl(NH_3)_5]Cl_2$ D. $[CoCl_2(NH_3)_4]Cl$

11. 下列物质的 $\Delta_f H_m^{\ominus}$ 为零的是　　　　　　　　　　　　　　　（　　）

　　A. $Br_2(g)$　　　　　　B. $N_2(g)$　　　　　　C. $CO(g)$　　　　　　D. $C(金刚石,s)$

12. 下列四个量子数中，决定原子轨道形状的是　　　　　　　　　　　（　　）

　　A. 主量子数 n　　　　B. 角量子数 l　　　　C. 磁量子数 m　　　　D. 自旋量子数

13. 下列元素原子中，第一电离能最大的是　　　　　　　　　　　　　（　　）

　　A. 硼　　　　　　　　B. 碳　　　　　　　　C. 氮　　　　　　　　D. 氧

14. 下列原子轨道符号中，不存在的是　　　　　　　　　　　　　　　（　　）

　　A. 2s　　　　　　　　B. 3d　　　　　　　　C. 3p　　　　　　　　D. 2d

15. 某元素+1价离子的电子分布式为 $1s^2 2s^2 2p^6 3s^2 3p^6 3d^{10}$，该元素在周期表中所属的分区为　　　　　　　　　　　　　　　　　　　　　　　　　　　（　　）

　　A. s 区　　　　　　　B. p 区　　　　　　　C. d 区　　　　　　　D. ds 区

16. 下列各作用力中，具有方向性的是　　　　　　　　　　　　　　　（　　）

　　A. 共价键　　　　　　B. 离子键　　　　　　C. 金属键　　　　　　D. 诱导力

17. 利用下列反应组成原电池时，不需惰性电极的是　　　　　　　　　（　　）

　　A. $H_2+Cl_2 = 2HCl$　　　　　　　　　　　B. $Zn+Ni^{2+} = Zn^{2+}+Ni$

　　C. $2Hg^{2+}+Sn^{2+}+2Cl^- = Hg_2Cl_2(s)+Sn^{4+}$　　　D. $Cu+Br_2 = CuBr_2$

18. 反应 $C(石墨)+CO_2(g) \rightleftharpoons 2CO(g)$ 的 $\Delta_r H_m^{\ominus} > 0$，如希望此反应的平衡有利于正反应方向，则可以　　　　　　　　　　　　　　　　　　　　　　（　　）

　　A. 升高温度　　　　B. 增加石墨量　　　　C. 增大总压力　　　　D. 加入催化剂

19. 已知某弱酸 HA 的 $K_a^{\ominus} = 1 \times 10^{-10}$，另一弱酸 HB 的 $K_a^{\ominus} = 1 \times 10^{-5}$，则反应 $HB+NaA \rightleftharpoons HA+NaB$ 的标准平衡常数为　　　　　　　　　　　　　　　　　　（　　）

　　A. 1×10^{-10}　　B. 1×10^{-5}　　C. 1×10^{-15}　　D. 1×10^5

20. 在密闭容器中的反应 $3H_2(g)+N_2(g) = 2NH_3(g)$ 达到平衡。在相同温度下，若令系统体积缩小 1/2，则此时的反应商是标准平衡常数 $K^{\ominus}$ 的　　　　　　　　（　　）

　　A. 1/4　　　　　　　B. 2 倍　　　　　　　C. 16 倍　　　　　　　D. 相等

三、填空题。

（本大题共 8 小题，总计 25 分）

1. （本小题 1 分）　HS^- 和 CO_3^{2-} 的共轭酸分别是＿＿＿＿和＿＿＿＿。

2. （本小题 1 分）　一定温度下，在 $CaCO_3$ 饱和溶液中，加入 Na_2CO_3 溶液，结果降低了 $CaCO_3$ 的＿＿＿＿＿＿＿，这种现象称为＿＿＿＿＿＿＿。

3. （本小题 2 分）　原子序数为 35 的原子核外电子排布式为＿＿＿＿＿＿＿，为＿＿＿＿周期＿＿＿＿族的元素。

4. （本小题 2 分）　已知：（1）$E^{\ominus}(Fe^{2+}/Fe) = -0.45V$，（2）$E^{\ominus}(I_2/I^-) = 0.54V$，（3）$E^{\ominus}(Fe^{3+}/Fe^{2+}) = 0.77V$，（4）$E^{\ominus}(Br_2/Br^-) = 1.07V$，（5）$E^{\ominus}(Cl_2/Cl^-) = $

$1.36V$，（6）$E^{\ominus}(MnO_4^-/Mn^{2+})=1.51V$，则在标准状态下，（1）上述电对中最强的还原剂为_____，最强的氧化剂为_____。（2）选择_____作氧化剂，只能氧化 I^- 而不能氧化 Br^-。

5．（本小题 2 分）　设化学反应 $2A_2(g)+B_2(g)\rightarrow 2A_2B(g)$ 为基元反应。当物质 A_2 的浓度减为原来的 1/4 时，物质 B_2 的浓度应是原来的_____倍，才能不改变正反应的速率。

6．（本小题 3 分）　$1.0\times 10^{-2}mol/dm^3$ HAc 的水溶液的 pH 值为_____。[已知 $K_a^{\ominus}(HAc)=1.76\times 10^{-5}$]

7．（本小题 4 分）　配合物 $[Cu(en)_2]SO_4$（en 表示乙二胺分子）的配位体是____，配位原子是____，配位数是____，命名为_____。

8．（本小题 10 分）　请填空回答：

项目	H_2O	BF_3
中心原子杂化轨道		
等性或不等性		
分子几何构型		
分子有无极性		
分子间作用力		

四、根据题目要求，通过计算解答下列各题。

（本大题共 3 小题，总计 25 分)

1．（本小题 6 分）　某难挥发的非电解质水溶液在 20℃时的渗透压为 1023kPa，若在 30℃时将溶液稀释 10 倍，溶液的渗透压又为多少？

2．（本小题 9 分）　已知原电池 $(-)Zn|Zn^{2+}(c=?)\parallel Cu^{2+}(0.02mol/dm^3)|Cu(+)$ 的 $E=1.06\ V$，$E^{\ominus}(Cu^{2+}/Cu)=0.34V$，$E^{\ominus}(Zn^{2+}/Zn)=-0.76V$。求：

（1）此时的 $c(Zn^{2+})=?$

（2）写出电池反应式，并计算其 $K^{\ominus}(298.15K)$。

3．（本小题 10 分）　设汽车内燃机中的温度因汽油燃烧达到 1573K。试利用下表热力学数据计算该温度时，反应 $\frac{1}{2}N_2(g)+\frac{1}{2}O_2(g)\Longrightarrow NO(g)$ 的 $\Delta_r G_m^{\ominus}$ 和 $K^{\ominus}$ 的数值。

项目	$N_2(g)$	$O_2(g)$	$NO(g)$
$\Delta_f G_m^{\ominus}(298.15K)/kJ\cdot mol^{-1}$	0	0	86.57
$\Delta_f H_m^{\ominus}(298.15K)/kJ\cdot mol^{-1}$	0	0	90.25
$S_m^{\ominus}(298.15K)/J\cdot(mol\cdot K)^{-1}$	191.50	205.03	210.65

综合测试题二参考答案

一、判断题：对的在题末括号内填"+"、错的填"-"。
（本大题分 20 小题，每小题 1 分，共 20 分）

1~5：+ - - + -；6~10：+ + - + -；11~15：- - - - -；16~20：+ + + - -。

二、单项选择题，将正确答案的代码填入题末的括号内。
（本大题分 20 小题，每小题 1.5 分，共 30 分）

1~5：BCCCB；6~10：BDABA；11~15：BBCDD；16~20：ABADA。

三、填空题。
（本大题共 8 小题，总计 25 分）

1. （1 分）H_2S；HCO_3^- 　　　　　　　　　　　　　　　　各 0.5 分
2. （1 分）溶解度；同离子效应 　　　　　　　　　　　　　　各 0.5 分
3. （2 分）$[Ar]3d^{10}4s^24p^5$；四；ⅦA 　　　　　　　　　1 分/0.5 分/0.5 分
4. （2 分）Fe；MnO_4^-；Fe^{3+} 　　　　　　　　　　　　0.5 分/0.5 分/1 分
5. （2 分）16 　　　　　　　　　　　　　　　　　　　　　　2 分
6. （3 分）3.38 　　　　　　　　　　　　　　　　　　　　　3 分
7. （4 分）乙二胺；N；4；硫酸二（乙二胺）合铜（Ⅱ） 　　各 1 分
8. （10 分） 　　　　　　　　　　　　　　　　　　　　　　每空 1 分

项目	H_2O	BF_3
中心原子杂化轨道	sp^3	sp^2
等性或不等性	不等性	等性
分子几何构型	V 型或折线型	平面正三角形
分子有无极性	有	无
分子间作用力	取向力，诱导力，色散力；氢键	色散力

四、根据题目要求，通过计算解答下列各题。
（本大题共 3 小题，总计 25 分）

1. （本小题 6 分）　　$\Pi = cRT$ 　　　　　　　　　　　　2 分

$$c = \frac{\Pi}{RT_1} = \frac{1023}{8.314 \times (273+20)} \text{mol/dm}^3 = 0.420 \text{mol/dm}^3$$

2 分

在 30℃，稀释后：

$$\Pi' = cRT_2$$

$$= (0.420/10) \times 8.134 \times (273+30) \text{kPa} = 106 \text{kPa}$$

2 分

2. （本小题 9 分） 电池反应式为 $\text{Zn} + \text{Cu}^{2+} = \text{Zn}^{2+} + \text{Cu}$

1 分

$$E = E^{\ominus} - \frac{0.0592\text{V}}{2} \lg[c(\text{Zn}^{2+})/c(\text{Cu}^{2+})]$$

$$1.06\text{V} = 1.10\text{V} - \frac{0.0592\text{V}}{2} \lg[c(\text{Zn}^{2+})/c(\text{Cu}^{2+})]$$

3 分

$$c(\text{Zn}^{2+}) = 0.45 \text{mol/dm}^3$$

1 分

$$\lg K^{\ominus} = nE^{\ominus}/0.0592\text{V} = \frac{2 \times 1.10\text{V}}{0.0592\text{V}} = 37.16$$

3 分

$$K^{\ominus} = 1.5 \times 10^{37}$$

1 分

3. （本小题 10 分）

$$\Delta_r H_m^{\ominus}(298.15\text{K}) = \sum \nu_B \Delta_f H_m^{\ominus}(298.15\text{K}) = 90.25 \text{kJ/mol}$$

2 分

$$\Delta_r S_m^{\ominus}(298.15\text{K}) = \sum \nu_B S_m^{\ominus}(298.15\text{K}) = 12.385 \text{J/(mol·K)}$$

2 分

$$\Delta_r G_m^{\ominus}(1573\text{K}) = \Delta_r H_m^{\ominus}(298.15\text{K}) - T\Delta_r S_m^{\ominus}(298.15\text{K}) = 70.77 \text{kJ/mol}$$

2 分

$$\ln K^{\ominus} = -\Delta_r G_m^{\ominus}(1573\text{K})/(RT) = -5.411$$

3 分

$$K^{\ominus} = 4.47 \times 10^{-3}$$

1 分

（提供者：王海龙）

综合测试题三

一、判断题，对的在题末括号内填"+"、错的填"–"。
(本大题分 20 小题，每小题 1 分，共 20 分)

1. 恒温、恒压条件下，密闭系统中，$\Delta_r S_m > 0$ 的反应可能自发，也可能非自发。
　　　　　　　　　　　　　　　　　　　　　　　　　　　　　　　　　　　　(　)

2. 只从 $\Delta_r S$、$\Delta_r H$ 和 $\Delta_r G$ 三个热力学函数数值的大小，不能预言化学反应速率的大小。
　　　　　　　　　　　　　　　　　　　　　　　　　　　　　　　　　　　　(　)

3. 升高反应温度，能使反应速率常数 k 和标准平衡常数 $K^\ominus$ 都增大。　(　)

4. 混合物一定是多相系统，纯物质一定是单相系统。　　　　　　　　　　(　)

5. 对于反应 $C(s) + H_2O(g) \rightleftharpoons CO(g) + H_2(g)$，$\Delta_r H_m^\ominus > 0$，当反应达到平衡后，若升高温度，则正反应速率 $r_正$ 增加，逆反应速率 $r_逆$ 减小，平衡向右移动。　(　)

6. 已知某温度下，M（某元素的稳定单质）为炼钢时的脱氧剂，有反应 $FeO(s) + M(s) = Fe(s) + MO(s)$ 自发进行，则可知在该条件下 $\Delta_f G_m(MO, s) < \Delta_f G_m(FeO, s)$。　(　)

7. 一定温度下，将适量 NaAc 固体加入 HAc 水溶液中，则 HAc 的标准解离常数 $K_a^\ominus$ 会减小。　　　　　　　　　　　　　　　　　　　　　　　　　　　　　(　)

8. 对于有难溶电解质参加的反应，为了使其溶解，应采取适当的措施降低有关离子的浓度。若能因此而使溶解反应的反应商 $J < K_{sp}^\ominus$ 时，则反应就向溶解方向进行。　(　)

9. 已知 $E^\ominus(IO_3^-/I^-) = 1.20V$，$E^\ominus(I_2/I^-) = 0.54V$。故在酸性溶液中有利于反应 $IO_3^- + I^- + H^+ \rightarrow I_2 + H_2O$ 自发进行。　　　　　　　　　　　　(　)

10. 元素的化学性质只与其最外层电子有关，与次外层及内层电子无关。　(　)

11. 若原子中某一电子处于 $n = 3$，$l = 1$，$m = 0$ 的状态，则该电子是 3s 电子。　(　)

12. p 轨道的角度分布图为"8"字形，这表明电子是沿"8"字形轨迹运动的。
　　　　　　　　　　　　　　　　　　　　　　　　　　　　　　　　　　　　(　)

13. 一级反应的半衰期与速率常数无关。　　　　　　　　　　　　　　　　(　)

14. 对于水的汽化过程（用下角标 vap 表示汽化过程）：$H_2O(l) \rightarrow H_2O(g)$，其 $\Delta_{vap} H_m$ 与 $\Delta_{vap} S_m$ 的数值均大于零。　　　　　　　　　　　　　　　　　　　　　(　)

15. 原电池供电时，有电流通过，则体系吉布斯函数（代数值）增大，电动势减小。
　　　　　　　　　　　　　　　　　　　　　　　　　　　　　　　　　　　　(　)

16. 就分子的电偶极矩而言，可判定 $CH_3CH_2CH(CH_3)_2$ 比 $C(CH_3)_4$ 大。　(　)

17. 对于没有气体参与的反应，定容反应热近似等于其定压反应热。　　　(　)

18. NF_3 分子的空间构型是平面三角形。　　　　　　　　　　　　　　　(　)

19. 根据洪德规则，C 原子核外电子排布式应为 $1s^2 2s^1 2p^3$，这样方便 C 形成更多的共价键。　　　　　　　　　　　　　　　　　　　　　　　　　　　　　　(　)

20. NaCl 和 NaF 的离子都带一个单位的电荷，所以两者的熔点相差不大。　　（　　）

二、单项选择题，将正确答案的代码填入题末的括号内。
（本大题分 20 小题，每小题 1.5 分，共 30 分）

1. 利用活化能的概念来阐明温度对化学反应速率影响的科学家是　　　　（　　）

　　A. 范特霍夫　　　　　　B. 阿伦尼乌斯　　　C. 玻尔　　　　　D. 薛定谔

2. 下列叙述中属于自发反应（或过程）的特征的是　　　　　　　　　　（　　）

　　A. 气体分子数增多　　　　　　　　　　B. 不可逆

　　C. 系统能量增加　　　　　　　　　　　D. 无限缓慢

3. 升高温度一般能使反应速率提高，这是由于温度升高能　　　　　　　（　　）

　　A. 使反应的活化能降低

　　B. 使平衡向正方向移动

　　C. 使反应速率常数增大

　　D. 使阿伦尼乌斯公式中的指前因子增大

4. 如果反应容器的体积增大为原来的 2 倍，则反应 $2NO(g)+O_2(g) \rightarrow 2NO_2(g)$［已知为（基）元反应］的速率将　　　　　　　　　　　　　　　　　　　（　　）

　　A. 减小为原来的 1/4　　　　　　　　B. 减小为原来的 1/8

　　C. 增大为原来的 4 倍　　　　　　　　D. 增大为原来的 8 倍

5. 已知 a、b、c、d 为四种同类型的配离子，其稳定常数的大小顺序为 $K^\ominus(稳,d)>K^\ominus(稳,c)>K^\ominus(稳,b)>K^\ominus(稳,a)$。若在一定条件下配离子之间发生转化，则转换趋势最大的是　　　　　　　　　　　　　　　　　　　　　　　　　　　（　　）

　　A. a 转化为 b　　　　　　　　　　　B. a 转化为 d

　　C. a 转化为 c　　　　　　　　　　　D. b 转化为 c

6. 根据徐光宪经验公式，在电子填充过程中，下列轨道能量最高的是　　（　　）

　　A. 5d　　　　　　　B. 3p　　　　　　　C. 4f　　　　　　D. 6s

7. 将以下物质 CH_4（A）、SiH_4（B）、GeH_4（C）、SnH_4（D）按沸点高低的顺序排列，应是　　　　　　　　　　　　　　　　　　　　　　　　　　　　　（　　）

　　A. A<B<C<D　　　　　　　　　　　B. A>B>C>D

　　C. A<C<B<D　　　　　　　　　　　D. A<B<D<C

8. 下列各配合物，其中心离子的配位数均为 6，它们溶液的浓度如果也都一样，则其中导电能力最大的溶液是　　　　　　　　　　　　　　　　　　　　（　　）

　　A. $K_2[PtCl_6]$　　　　　　　　　　B. $[Co(NH_3)_6]Cl_3$

　　C. $[Cr(NH_3)_6]Br_3$　　　　　　　　D. $[Pt(NH_3)_6]Cl_4$

9. 元素周期表中各元素的物理及化学性质呈周期性的递变，其根本原因是　（　　）

　　A. 原子半径周期性地递变　　　　　　B. 电负性周期性地递变

　　C. 核外电子排布周期性地递变　　　　D. 电离能周期性地递变

10. 下列配合物中，中心离子的电荷为+3，配位数为6的是 （ ）

    A. $[Cu(NH_3)_4]Cl_2$ B. $[Zn(NH_3)_4]SO_4$

    C. $Na_3[Ag(S_2O_3)_2]$ D. $K_3[Fe(CN)_6]$

11. 用氨水可把固体 AgI 和 AgBr 的混合物分离，其中 AgBr 固体溶解于氨水，而 AgI 固体不溶。引起这两种物质在氨水中溶解度差别的原因是 （ ）

    A. $K_{sp}^{\ominus}(AgBr)>K_{sp}^{\ominus}(AgI)$ B. $K_{sp}^{\ominus}(AgBr)<K_{sp}^{\ominus}(AgI)$

    C. $K^{\ominus}(稳,[Ag(NH_3)_2]^+)$ 较大   D. $K^{\ominus}(不稳,[Ag(NH_3)_2]^+)$ 较大

12. sp^3 杂化轨道的形成是由 （ ）

    A. 一条 ns 轨道与 3 条 np 轨道杂化而成

    B. 1s 轨道与 3p 轨道杂化而成

    C. 1 条 s 轨道与 3 条 2p 轨道杂化而成

    D. 1 个 s 电子与 3 个 p 电子杂化而成

13. 已知25℃时，$K_a^{\ominus}(HAc)=1.76\times10^{-5}$，若测得某醋酸溶液的 pH 值为 3.00，通过计算可知该溶液的浓度 $c(HAc)$ 为 （ ）

    A. $5.68\times10^{-2}mol/dm^3$ B. $5.71\times10^{-4}mol/dm^3$

    C. $1.32\times10^{-3}mol/dm^3$ D. $3.30\times10^{-5}mol/dm^3$

14. 各物质浓度均为 $0.10mol/dm^3$ 的下列水溶液中，其 pH 值最小的是 （已知 $K_b^{\ominus}(NH_3)=1.77\times10^{-5}$，$K_a^{\ominus}(HAc)=1.76\times10^{-5}$） （ ）

    A. NH_4Cl B. NH_3

    C. CH_3COOH D. $CH_3COOH+CH_3COONa$

15. 如图，瓶中装水不超过1/2体积，将此系统在室温下长久放置，最终将是何种情形？ （ ）

    A. 水和海水均蒸发至干

    B. 因为是密闭体系，没有变化

    C. 水转移至干

    D. 海水转移至干

16. 下列晶体中，熔化时只需克服色散力的是 （ ）

    A. MgF_2 B. HF   C. $SiCl_4$ D. SiC   E. Ag

17. 配制 pH=7.2 的缓冲溶液时，应选用的缓冲对是 （ ）

    A. $HAc-NaAc(K_a^{\ominus}=1.8\times10^{-5})$

    B. $NaH_2PO_4-Na_2HPO_4(K_{a2}^{\ominus}=6.3\times10^{-8})$

    C. $NH_3-NH_4Cl(K_b^{\ominus}=1.8\times10^{-5})$

    D. $NaHCO_3-Na_2CO_3(K_{a2}^{\ominus}=5.6\times10^{-11})$

18. 下列各对物质的晶体中，晶格结点上粒子之间作用力类型不同的是 （ ）

    A. 金刚石和碳化硅   B. 氩和甲烷

    C. 二氧化硅和二氧化碳   D. 氟化钠和氧化钙

19. 认为原子核外电子是分布在不同能级上的实验根据是 　　　　　（　　）

A. 定组成定律 　　　　　　　　　　B. 能量守恒定律

C. 连续光谱 　　　　　　　　　　　D. 线状光谱

20. 对于原子中的电子来说，下列四组量子数（n，l，m，m_s）的组合中，不合理的是

（　　）

A. 3，0，-1，$+\dfrac{1}{2}$ 　　B. 2，2，$+2$，$-\dfrac{1}{2}$ 　　C. 3，2，$+1$，$+\dfrac{1}{2}$ 　　D. 2，1，0，$-\dfrac{1}{2}$

三、填空题。

（本大题共 10 小题，总计 30 分）

1. （本小题 1 分）　在某温度下，将 0.30mol O_2、0.10mol N_2 及 0.10mol Ar 装入真空容器中，气体总压力为 2.0×10^{5}Pa，则此时 N_2 的分压力为_____Pa。

2. （本小题 3 分）　ns 和 np 轨道杂化时，其杂化轨道的类型有_____、_____和_____三种。

3. （本小题 2 分）　反应 $N_2(g)+3H_2(g)=2NH_3(g)$ 的标准平衡常数 25℃ 时为 4.6×10^5，427℃ 时为 2.5×10^{-4}，则此温度范围内该反应的 $\Delta_r H_m^{\ominus}$ 为_____kJ/mol。

4. （本小题 2 分）　将下列物质按 $S_m^{\ominus}$（298.15K）减小的顺序排列：Ag(s)、AgCl(s)、Cu(s)、$C_6H_6(l)$、$C_6H_6(g)$，为_____>_____>_____>_____>_____。

5. （本小题 2 分）　填写出氢在下列物质中形成的化学键类型：

在 HCl 中_____，在 NaOH 中_____，

在 NaH 中_____，在 H_2 中_____。

6. （本小题 8 分）　已知 $E^{\ominus}(Ce^{4+}/Ce^{3+})=1.443V$，$E^{\ominus}(Hg^{2+}/Hg)=0.851V$。

试写出电池反应式：_____，

计算电池反应的电动势 $E^{\ominus}$：_____，电池反应的 $K^{\ominus}$（298.15K）：_____，

以及电池图式：_____。

7. （本小题 2 分）　若在下列各系统中，分别加入约 1.0g NH_4Cl 固体，并使其溶解后，对所指定性质的影响如何（填增大、减小或不变），并简单说明原因：

（1）10cm^3 0.10mol/dm^3 氨水溶液的 pH 值____，原因是_____；

（2）10cm^3 含有 $PbCl_2$ 沉淀的饱和溶液，$PbCl_2$ 的溶解度____，原因是_____。

8. （本小题 4 分）　就分子或键的极性而言，在 CO_2 分子中，C—O 键是_____键，CO_2 分子是_____性分子，固态 CO_2 为_____晶体，晶格节点上的微粒相互间靠_____力结合起来。

9. （本小题 2 分）　一级反应的特征之一是以_____对_____作图为一直线。

10. （本小题 4 分）　请完成下表。

分子	中心原子杂化方式	等性与否	分子空间构型	分子有无极性
BBr_3				
NH_3				

四、根据题目要求，通过计算解答下列各题。
（本大题共 3 小题，总计 20 分）

1. （本小题 4 分） 已知在 823K 和标准条件时，

（1） $CoO(s)+H_2(g) \rightleftharpoons Co(s)+H_2O(g)$，$K_1^{\ominus}=67.0$；

（2） $CoO(s)+CO(g) \rightleftharpoons Co(s)+CO_2(g)$，$K_2^{\ominus}=490$。

计算在该条件下，下述反应（3）的 $\Delta_r G_m^{\ominus}$。

（3） $CO_2(g)+H_2(g) \rightleftharpoons CO(g)+H_2O(g)$

2. （本小题 8 分） 已知 $E^{\ominus}(MnO_4^-/Mn^{2+})=1.51V$，$E^{\ominus}(Br_2/Br^-)=1.07V$，$E^{\ominus}(I_2/I^-)=0.545V$。

判断：（1） $pH=3.00$，其他为标准状态时，MnO_4^- 能否氧化 Br^-、I^-？

（2） $pH=6.00$ 时，上述情况又如何？

3. （本小题 8 分） 当燃料不完全燃烧时，会产生 CO 污染空气。试通过计算说明能否用热分解的方法消除此污染？CO 的热分解方程式为 $CO(g) = C(s)+\dfrac{1}{2}O_2(g)$。

已知 $\Delta_f G_m^{\ominus}(CO,g,298.15K)=-137.17kJ/mol$，$S_m^{\ominus}(CO,g,298.15K)=197.56J/(mol \cdot K)$，$S_m^{\ominus}(C,s,298.15K)=5.74J/(mol \cdot K)$（固体碳以石墨计），$S_m^{\ominus}(O_2,g,298.15K)=205.03J/(mol \cdot K)$。

综合测试题三参考答案

一、判断题，对的在题末括号内填"+"、错的填"−"。

（本大题分 20 小题，每小题 1 分，共 20 分）

1~5：+ + − − −；6~10：+ − + + −；11~15：− − − + +；16~20：+ + − − −。

二、单项选择题，将正确答案的代码填入题末的括号内。

（本大题分 20 小题，每小题 1.5 分，共 30 分）

1~5：BBCBB；6~10：AADCD；11~15：AAACC；16~20：CBCDB。

三、填空题。

（本大题共 10 小题，总计 30 分）

1. （本小题 1 分）　4.0×10^4 　　　　　　　　　　　　　　　　　　　1 分

2. （本小题 3 分）　sp；sp^2；sp^3 　　　　　　　　　　　　　　　　各 1 分

3. （本小题 2 分）　-92 　　　　　　　　　　　　　　　　　　　　　　2 分

4. （本小题 2 分）　$C_6H_6(g) > C_6H_6(l) > AgCl(s) > Ag(s) > Cu(s)$ 　　　2 分

　　　　　　　　　　　（次序错 1 个扣 1 分，错 2 个以上不给分）

5. （本小题 2 分）　极性共价键；极性共价键；离子键；非极性共价键　各 0.5 分

6. （本小题 8 分）　（1）$2Ce^{4+} + Hg = Hg^{2+} + 2Ce^{3+}$ 　　　　　　　2 分

　　　　　　　　　　（2）$(-)Pt \mid Hg(1) \mid Hg^{2+}(c^{\ominus}) \parallel Ce^{3+}(c^{\ominus}), Ce^{4+}(c^{\ominus}) \mid Pt(+)$ 　2 分

　　　　　　　　　　（3）$E^{\ominus} = E^{\ominus}(Ce^{4+}/Ce^{3+}) - E^{\ominus}(Hg^{2+}/Hg) = 0.592V$ 　2 分

　　　　　　　　　　（4）$\lg K^{\ominus} = nE^{\ominus}/0.05917V = 20.01$，$K^{\ominus} = 1.02 \times 10^{20}$ 　2 分

7. （本小题 2 分）　（1）减小；NH_4^+ 同离子效应使 $NH_3 \cdot H_2O$ 的解离度减小　1 分

　　　　　　　　　　（2）减小；Cl^- 同离子效应的结果　　　　　　　　1 分

8. （本小题 4 分）　极性（共价）；非极；分子；分子间（或色散）　各 1 分

9. （本小题 2 分）　$\ln[c(R)]$ 或反应物浓度的对数；t(时间)　　　各 1 分

10. （本小题 4 分）　　　　　　　　　　　　　　　　　　　　　每空 0.5 分

分子	中心原子杂化方式	等性与否	分子空间构型	分子有无极性
BBr_3	sp^2	等性	平面三角形	无
NH_3	sp^3	不等性	三角锥	有

四、根据题目要求，通过计算解答下列各题。

（本大题共 3 小题，总计 20 分）

1. （本小题 4 分）

由于反应(3) = 反应(1) − 反应(2)

所以 $K_3^\ominus = K_1^\ominus / K_2^\ominus = 0.1367$　　　　　　　　　　　　　　　2 分

$\Delta_r G_m^\ominus (823\text{K}) = -RT \ln K_3^\ominus = 13.6 \text{kJ/mol}$　　　　　　　　　　2 分

2. （本小题 8 分）

解法 I：$2MnO_4^- + 10X^- + 16H^+ == 2Mn^{2+} + 5X_2 + 8H_2O$

（1）当 pH = 3 时　X^- 为 Br^- 时，则 $E = E^\ominus - (0.059\text{V}/n) \lg [c(H^+)/c^\ominus]^{-16}$

$= 0.16\text{V} > 0$，能氧化 Br^-　　　　　　　　　　　2 分

X^- 为 I^- 时，则 $E = 0.68\text{V} > 0$，能氧化 I^-　　　　　2 分

（2）当 pH = 6 时　X^- 为 Br^- 时，则 $E = -0.13\text{V} < 0$，不能氧化 Br^-　　2 分

X^- 为 I^- 时，则 $E = 0.40\text{V} > 0$，能氧化 I^-　　　　2 分

解法 II：$MnO_4^- + 8H^+ + 5e^- == Mn^{2+} + 4H_2O$

pH = 3 时，$E(MnO_4^-/Mn^{2+}) = 1.51\text{V} + (0.05917\text{V}/5) \lg (10^{-3})^8 = 1.23\text{V}$

可氧化 Br^-、I^-　　　　　　　　　　　　　　4 分

pH = 6 时，$E(MnO_4^-/Mn^{2+}) = 1.51\text{V} + (0.05917\text{V}/5) \lg (10^{-6})^8 = 0.94\text{V}$

可氧化 I^-，不能氧化 Br^-　　　　　　　　　　4 分

3. （本小题 8 分）

$\Delta_r G_m^\ominus (298.15\text{K}) = \sum \nu \Delta_f G_m^\ominus (298.15\text{K}) = 137.17 \text{kJ/mol}$　　　2 分

$\Delta_r S_m^\ominus (298.15\text{K}) = \sum \nu S_m^\ominus (298.15\text{K}) = -89.31 \text{J/(mol·K)}$　　　2 分

$\Delta_r H_m^\ominus (298.15\text{K}) = \Delta_r G_m^\ominus (298.15\text{K}) + 298.15 \times \Delta_r S_m^\ominus (298.15\text{K})$　　2 分

$= 110.54 \text{kJ/mol}$　　　　　　　　　　　　　　1 分

为吸热熵减的"+−"型反应，$\Delta_r G_m^\ominus (T) \approx \Delta_r H_m^\ominus (298.15\text{K}) - T \Delta_r S_m^\ominus (298.15\text{K})$ 恒大于零，故标准状态下任何温度时正反应都不能自发进行，故不能用热分解的方法消除 CO 的污染。

1 分

（提供者：车平）

综合测试题四

一、判断题，对的在题末括号内填"+"、错的填"-"。

（本大题分 24 小题，每小题 1 分，共 24 分）

1. 向含 Ni^{2+} 的溶液中加入氨水溶液，先有沉淀生成，继续加氨水沉淀溶解，说明 Ni 像 Al 一样，其氢氧化物呈两性。　　　　　　　　　　　　　　　　　　　　（　　）

2. 由反应 $Cu + 2Ag^+ = Cu^{2+} + 2Ag$ 组成原电池，当 $c(Cu^{2+}) = c(Ag^+) = 1.0 mol/dm^3$ 时，$E^{\ominus} = E^{\ominus}_{(+)} - E^{\ominus}_{(-)} = E^{\ominus}(Cu^{2+}/Cu) - 2E^{\ominus}(Ag^+/Ag)$。　　　　　　　　（　　）

3. 用两条相同的锌棒，一条插入盛有 $0.1 mol/dm^3$ $ZnSO_4$ 溶液的烧杯中，另一条插入盛有 $0.5 mol/dm^3$ $ZnSO_4$ 溶液的烧杯中，并用盐桥将两只烧杯中溶液联接起来，便可组成一个原电池。　　　　　　　　　　　　　　　　　　　　　　　　　　　（　　）

4. 对于某电极，如果有 H^+ 或 OH^- 参加反应，则溶液的 pH 值改变将使其电极电势改变。
　　　　　　　　　　　　　　　　　　　　　　　　　　　　　　　　　　　（　　）

5. 原子中核外电子的运动具有波粒二象性，没有经典式的轨道，并需用统计规律来描述。　　　　　　　　　　　　　　　　　　　　　　　　　　　　　　　　（　　）

6. 当某反应物浓度增大一倍（其他条件均不变）时，如果反应速率也增大一倍，则此反应对该反应物必定是一级反应。　　　　　　　　　　　　　　　　　　　（　　）

7. s 电子与 s 电子之间配对形成的键一定是 σ 键，而 p 电子与 p 电子之间配对形成的键一定是 π 键。　　　　　　　　　　　　　　　　　　　　　　　　　　　（　　）

8. 由于 Cu^+ 离子与 Na^+ 离子的半径相近，离子所带电荷相同，故 NaOH 和 CuOH 碱性相近。　　　　　　　　　　　　　　　　　　　　　　　　　　　　　　（　　）

9. 一定温度下，将适量 NaAc 固体加入 HAc 水溶液中，则 HAc 的标准解离常数 $K^{\ominus}_a$ 会减小。　　　　　　　　　　　　　　　　　　　　　　　　　　　　　　　（　　）

10. 一定温度下，已知 AgF、AgCl、Ag_2CrO_4、AgBr 和 AgI 的 $K^{\ominus}_{sp}$ 依次减小，所以它们的溶解度（以 mol/dm^3 为单位）也依次降低。　　　　　　　　　　　　　（　　）

11. H_2S 溶液中 S^{2-} 的浓度数值上等于其 $K^{\ominus}_{a2}$，H_3PO_4 溶液中 PO_4^{3-} 的浓度等于其 $K^{\ominus}_{a3}$。
　　　　　　　　　　　　　　　　　　　　　　　　　　　　　　　　　　　（　　）

12. 亚硝酸强碱盐与水的反应 $NO_2^- + H_2O = HNO_2 + OH^-$ 的标准平衡常数 $K^{\ominus} = K^{\ominus}_w \cdot K^{\ominus}_a(HNO_2)$。　　　　　　　　　　　　　　　　　　　　　　　　　　　　　（　　）

13. 每一周期的元素数目等于相应能级组所能容纳的最多电子数。　　　　（　　）

14. 主量子数 $n = 4$ 时，有 4s、4p、4d、4f 共 4 条轨道。　　　　　　　（　　）

15. 色散力不仅存在于非极性分子之间，也存在于极性分子之间。　　　　（　　）

16. 冰与干冰相比，其熔点和沸点等物理性质有很大的差异，其重要原因之一是冰中 H_2O 分子间比干冰中 CO_2 分子间多了一种氢键作用。　　　　　　　　（　　）

17. 在$-4\sim-3℃$温度条件下进行建筑施工时，为了防止水泥冻结，可在水泥砂浆中加入适量的食盐或氯化钙。 （ ）

18. 配制 $SbCl_3$ 溶液时，一定要加适量的盐酸。 （ ）

19. 利用弹式量热计可以较精确地测得定容反应热。 （ ）

20. 水是一种重要的溶剂，在某些化学反应中水还可作为酸（质子酸）、碱（质子碱）、氧化剂、配合剂或还原剂。 （ ）

21. 下列各半反应所对应的标准电极电势值是相同的。

$O_2+2H_2O+4e^-$＝＝$4OH^-$，$1/2O_2+H_2O+2e^-$＝＝$2OH^-$，$2OH^-$＝＝$1/2O_2+H_2O+2e^-$ （ ）

22. 在电化学中，$E^{\ominus}=\dfrac{RT}{nF}\ln K^{\ominus}$，因平衡常数 $K^{\ominus}$ 与反应方程式的写法有关，故电动势 $E^{\ominus}$ 也应该与氧化还原反应方程式的写法有关。 （ ）

23. 螯合物的稳定性通常大于一般配合物。 （ ）

24. $C—C$ 键的键能为 $348kJ/mol$，所以 $C=C$ 双键的键能为 $2\times348kJ/mol$。 （ ）

二、单项选择题，将正确答案的代码填入题末的括号内。

（本大题分 13 小题，每小题 2 分，共 26 分）

1. 原子轨道沿两核联线以"肩并肩"的方式进行重叠的键是 （ ）

    A. σ 键   B. π 键   C. 氢键   D. 离子键

2. 对于一般的（非零级）化学反应，随着反应的进行，下列描述中正确的是 （ ）

    A. 反应物逐渐减少，直至其浓度为零   B. 反应速率常数逐渐变小

    C. 标准平衡常数逐渐变大   D. 正反应速率逐渐变小

3. 暴露在常温空气中的碳并不燃烧，这是由于反应 $C(s)+O_2(g)$＝＝$CO_2(g)$ 的 （ ）

    A. $\Delta_r G_m^{\ominus}>0$，不能自发进行   B. $\Delta_r G_m^{\ominus}<0$，但反应速率较缓慢

    C. 逆反应速率大于正反应速率   D. 上述原因均不正确

4. 一定温度下，下列摩尔分数相同的水溶液中，蒸气压最低的是 （ ）

    A. 乙二醇   B. HAc   C. KCl   D. $MgCl_2$

5. 各物质浓度均为 $0.10mol/dm^3$ 的下列水溶液中，其 pH 值最小的是 （ ）

（已知 $K_b^{\ominus}(NH_3)=1.77\times10^{-5}$，$K_a^{\ominus}(HAc)=1.76\times10^{-5}$，$K_{a1}^{\ominus}(H_2S)=9.1\times10^{-8}$，$K_{a2}^{\ominus}(H_2S)=1.1\times10^{-12}$）

    A. NH_4Cl B. NH_3 C. CH_3COOH

    D. $CH_3COOH+CH_3COONa$ E. Na_2S

6. 确定原子轨道（或电子云）形状的量子数主要是 （ ）

    A. n B. l C. m D. m_s

7. 对于反应 $2MnO_4^-+10Fe^{2+}+16H^+$＝＝$2Mn^{2+}+10Fe^{3+}+8H_2O$，有 $\Delta_r G_m^{\ominus}=-nFE^{\ominus}$。其中 n 为 （ ）

    A. 10   B. 5   C. 1   D. 2

8. 下列各组量子数中，相应于氢原子 Schrödinger 方程的合理解（n，l，m，m_s）的一组是 （ ）

    A. 3，0，+1，$-\dfrac{1}{2}$ B. 2，2，0，$+\dfrac{1}{2}$ C. 4，3，-4，$-\dfrac{1}{2}$ D. 5，2，+2，$+\dfrac{1}{2}$

9. 对弱酸与弱酸盐组成的缓冲溶液，若 c(弱酸)：c(弱酸根离子)＝1∶1 时，该溶液的 pH 值等于 （ ）

    A. p$K_w^{\ominus}$ B. p$K_a^{\ominus}$ C. c(弱酸)   D. c(弱酸盐)

10. 极化能力最强的离子应具有的特性是 （ ）

    A. 离子电荷高，离子半径大   B. 离子电荷高，离子半径小

    C. 离子电荷低，离子半径小   D. 离子电荷低，离子半径大

11. 在下列各种晶体中，含有简单独立分子的晶体是 （ ）

    A. 原子晶体   B. 离子晶体   C. 分子晶体   D. 金属晶体

12. 一个化学反应达到平衡时，下列说法中正确的是 （ ）

    A. 各物质浓度或分压不随时间改变而变化

    B. $\Delta_r G_m^{\ominus} = 0$

    C. 正、逆反应的速率常数相等

    D. 各反应物和生成物的浓度或分压力相等

13. 已知 $Zn(s) + \dfrac{1}{2}O_2(g) = ZnO(s)$，$\Delta_r H_{m,1}^{\ominus} = -351.5 kJ/mol$，$Hg(l) + \dfrac{1}{2}O_2(g) = HgO(s$，红$)$，$\Delta_r H_{m,2}^{\ominus} = -90.8 kJ/mol$，则 $Zn(s) + HgO(s$，红$) = ZnO(s) + Hg(l)$ 的 $\Delta_r H_m^{\ominus}$ 为 （ ）

    A. 442.3kJ/mol   B. 260.7kJ/mol   C. -260.7kJ/mol   D. -442.3kJ/mol

三、多项选择题，将一个或两个正确答案的代码填入题末的括号内。若正确答案只有一个，多选时，该题为 **0** 分；若正确答案有两个，只选一个且正确，给 **1** 分，选两个且都正确给 **2** 分，但只要选错一个，该小题就为 **0** 分。

    (本大题分 5 小题，每小题 2 分，共 10 分)

1. 温度升高而一定增大的量是 （ ）

    A. $\Delta_r G_m^{\ominus}$ B. 吸热反应的平衡常数 $K^{\ominus}$

    C. 物质的标准摩尔熵 $S_m^{\ominus}$ D. 物质的溶解度 S

2. $Ca_2C_2O_4$ 固体溶解度在下列溶液中溶解大于纯水溶液中的是 （ ）

    A. HAc   B. $CaCl_2$ C. EDTA   D. $Na_2C_2O_4$

3. 下列分子间仅存在色散力作用的是 （ ）

    A. $HgCl_2$ B. OF_2 C. CH_3OCH_3 D. CH_4

    E. NO_2 F. H_2S

4. 对于某过程，下列物理量的数值大小不取决于反应途径的是 （ ）

    A. 系统吸收的热量   B. 系统所做的功

    C. 系统的内能变化   D. 系统的吉布斯函数变

5. 下列说法正确的是   (   )

    A. 一定温度下气液两相达平衡时的蒸气压称为该液体的在此温度下的饱和蒸气压

    B. 氢的电极电势是零

    C. 催化剂既不改变反应的 $\Delta_r H_m$，也不改变反应的 $\Delta_r S_m$ 和 $\Delta_r G_m$

    D. 聚集状态相同的几种物质混合在一起，一定组成单相系统

四、填空题。

（本大题分 9 小题，每小题 2 分，共 18 分）

1. 试判断下列各组物质的熔点高低（用>或<表示）：

（1）MgO_____NaF；   （2）H_2O_____H_2S；

（3）PH_3_____SbH_3；   （4）C（金刚石）_____C_{60}。

2. 将 0.62g 某试样溶于 100g 水中，溶液的凝固点为 $-0.186℃$，则该试样的相对分子质量为_____，在室温下此溶液的渗透压为_____。（水的 $K_f = 1.86K \cdot kg/mol$）

3. BBr_3 分子的空间构型是_____，B 原子的杂化轨道类型是_____。

4. 根据酸碱质子理论，NH_3 是_____的共轭碱，HAc 是_____的共轭酸。

5. 已知在 823K 和标准条件时，（1）$CoO(s) + H_2(g) \rightleftharpoons Co(s) + H_2O(g)$，$K_1^\ominus = 67.0$；（2）$CoO(s) + CO(g) \rightleftharpoons Co(s) + CO_2(g)$，$K_2^\ominus = 490$。则在该条件下，下述反应（3）$CO_2(g) + H_2(g) \rightleftharpoons CO(g) + H_2O(g)$ 的 $K_3^\ominus$ 为_____，$\Delta_r G_{m,3}^\ominus$ 为_____。

6. 比较下列各值大小（用>或<表示）：

（1）元素电离能   N_____O；（2）元素电负性   O_____S；

（3）原子半径   S_____Cl；（4）单电子数目 $[FeF_6]^{3-}$_____$[Fe(CN)_6]^{3-}$。

7. 写出描写 4f 电子的四个量子数可能取的全部数值：$n =$ _____，$l =$ _____，$m =$ _____，$m_s =$ _____。

8. 原子序数为 29 的原子核外电子排布式为_____，为_____周期_____族的元素。

9. 已知（1）$E^\ominus(Fe^{2+}/Fe) = -0.45V$，（2）$E^\ominus(I_2/I^-) = 0.54V$，（3）$E^\ominus(Fe^{3+}/Fe^{2+}) = 0.77V$，（4）$E^\ominus(Br_2/Br^-) = 1.07V$，（5）$E^\ominus(Cl_2/Cl^-) = 1.36V$，（6）$E^\ominus(MnO_4^-/Mn^{2+}) = 1.51V$。则在标准状态下，

（1）上述电对中最强的还原剂为_____，最强的氧化剂为_____。

（2）选择_____作氧化剂，只能氧化 I^-，而不能氧化 Br^-。

五、根据题目要求，通过计算解答下列各题。

（本大题共 4 小题，总计 22 分）

1. （本小题 4 分）   含盐量 3.67%（质量分数）的海水中，若 $c(HCO_3^-) = 2.4 \times 10^{-3}$

mol/dm^3，$c(CO_3^{2-}) = 2.7×10^{-4}mol/dm^3$，试计算酸度由 HCO_3^- 和 CO_3^{2-} 所控制的海水的 pH 值为多少？（已知 H_2CO_3 的 $K_{a1}^{\ominus} = 4.30×10^{-7}$，$K_{a2}^{\ominus} = 5.61×10^{-11}$）

2. （本小题 5 分）　已知反应 $2NO(g) + O_2(g) \Longrightarrow 2NO_2(g)$ 的 $\Delta_f G_m^{\ominus}(NO) = 86.6kJ/mol$，$\Delta_f G_m^{\ominus}(NO_2) = 51.7kJ/mol$。试通过计算判断在 25℃，$p(NO) = 20.27kPa$，$p(O_2) = 10.13kPa$，$p(NO_2) = 70.93kPa$ 时，上述反应自发进行的方向。

3. （本小题 6 分）　将 1.20mol SO_2 和 2.00mol O_2 的混合气体，在 800K 和 $1.00×10^5Pa$ 的总压力下，缓慢通过 V_2O_5 催化剂进行反应：$2SO_2(g) + O_2(g) \rightleftharpoons 2SO_3(g)$，在等温等压下达到平衡后，测得混合物中生成的 SO_3 为 1.10mol。试求该温度下上述反应的 $K^{\ominus}$、$\Delta_r G_m^{\ominus}$ 及 SO_2 的转化率。

4. （本小题 7 分）　已知 $E^{\ominus}(Fe^{3+}/Fe^{2+}) = 0.77V$，$E^{\ominus}(I_2/I^-) = 0.54V$，试计算反应 $2Fe^{3+}(aq) + 2I^-(aq) \Longrightarrow 2Fe^{2+}(aq) + I_2(s)$ 在 25℃ 时的标准平衡常数 $K^{\ominus}$，以及达到平衡且 $c(Fe^{2+})/c(Fe^{3+}) = 10^4$ 时，I^- 的平衡浓度是多少？

综合测试题四参考答案

一、判断题，对的在题末括号内填"+"，错的填"−"。

　　(本大题分 24 小题，每小题 1 分，共 24 分)

　　1~5：− − + + +；6~10：+ − − − −；11~15：− − + − +；
　　16~20：+ + + + +；21~24：+ − + −。

二、单项选择题，将正确答案的代码填入题末的括号内。

　　(本大题分 13 小题，每小题 2 分，共 26 分)

　　1~5：BDBDC；6~10：BADBB；11~13：CAC。

三、多项选择题，将一个或两个正确答案的代码填入题末的括号内。若正确答案只有一个，多选时，该题为 0 分；若正确答案有两个，只选一个且正确，给 1 分，选两个且都正确给 2 分，但只要选错一个，该小题就为 0 分。

　　(本大题分 5 小题，每小题 2 分，共 10 分)

　　1. BC；2. AC；3. AD；4. CD；5. AC。

四、填空题。

　　(本大题分 9 小题，每小题 2 分，共 18 分)

1. >；>；<；>	各 0.5 分
2. 62；248kPa	各 1 分
3. 平面三角形；sp^2 杂化	各 1 分
4. NH_4^+；Ac^-	各 1 分
5. 0.1367；13.6kJ/mol	各 1 分
6.（1）>；（2）>；（3）>；（4）>。	各 0.5 分
7. 4；3；0，±1，±2，±3；±1/2	各 0.5 分
8. $[Ar]3d^{10}4s^1$；四；ⅠB	1分/0.5 分/0.5 分
9.（1）Fe；MnO_4^-	各 0.5 分
（2）Fe^{3+}	1 分

五、根据题目要求，通过计算解答下列各题。

（本大题共 4 小题，总计 22 分）

1. （本小题 4 分）

$HCO_3^- \rightleftharpoons H^+ + CO_3^{2-}$

$K_{2a}^{\ominus}(HCO_3^-) = [c(H^+)/c^{\ominus}] \cdot [c(CO_3^{2-})/c^{\ominus}]/[c(HCO_3^-)/c^{\ominus}]$　　　2 分

$c(H^+) = 5.0 \times 10^{-10} \text{mol/dm}^3$　　　1 分

$\text{pH} = 9.3$　　　1 分

2. （本小题 5 分）

$$\Delta_r G_m^{\ominus}(298.15K) = \sum \nu_B \Delta_f G_m^{\ominus}(B)$$
$$= 2\Delta_f G_m^{\ominus}(NO_2) - 2\Delta_f G_m^{\ominus}(NO) = -69.8 \text{kJ/mol}$$　　　1 分

$$\Delta_r G_m(298.15K) = \Delta_r G_m^{\ominus}(298.15K) + RT\ln \frac{[p(NO_2)/p^{\ominus}]^2}{[p(NO)/p^{\ominus}]^2 \cdot [p(O_2)/p^{\ominus}]}$$　　　2 分

$$= -57.9 \text{kJ/mol}$$　　　1 分

$\Delta_r G_m(298.15K) < 0$，所以正向自发。　　　1 分

3. （本小题 6 分）

（1）

	$2SO_2(g)$	$+ \quad O_2(g)$	$= \quad 2SO_3(g)$
初始物质的量/mol：	1.20	2.00	0
平衡时物质的量/mol：	0.10	1.45	1.10
平衡时分压力：	$0.10p/2.65$	$1.45p/2.65$	$1.10p/2.65$　（p 为总压力）

$p(SO_2) = 3.77 \text{kPa}$　　　$p(O_2) = 54.7 \text{kPa}$　　　$p(SO_3) = 41.5 \text{kPa}$　　　1 分

$K^{\ominus} = \{[p(SO_3)]^2 \cdot p^{\ominus}\}/\{[p(SO_2)]^2 \cdot p(O_2)\} = 221$　　　2 分

（2）$\Delta_r G_m^{\ominus}(800K) = -RT\ln K^{\ominus}$　　　1 分

　　　　　　　$= -35.9 \text{kJ/mol}$　　　1 分

（3）SO_2 的转化率 $\alpha = (1.10/1.20) \times 100\% = 91.7\%$　　　1 分

4. （本小题 7 分）

$E^{\ominus} = E^{\ominus}(Fe^{3+}/Fe^{2+}) - E^{\ominus}(I_2/I^-) = 0.77 - 0.54 = 0.23 \text{V}$　　　1 分

$\lg K^{\ominus} = nE^{\ominus}/0.0592$　　　2 分

　　　$= 7.77$

$K^{\ominus} = 5.9 \times 10^7$　　　1 分

$K^{\ominus} = [c(Fe^{2+})/c^{\ominus}]^2/[c(Fe^{3+})/c^{\ominus}]^2 \cdot [c(I^-)/c^{\ominus}]^2$　　　2 分

即 $5.9 \times 10^7 = (10^4)^2/[c(I^-)/c^{\ominus}]^2$

$c(I^-) = 1.27 \text{mol/dm}^3$　　　1 分

（提供者：王明文）

综合测试题五

一、判断题，对的在题末括号内填"+"，错的填"−"。
（本大题分 20 小题，每小题 1 分，共 20 分）

1. 主量子数相同的原子轨道，都属于同一能级组。　　　　　　　　（　　）

2. 当角量子数 l 确定时，磁量子数 m 可能有 $2l+1$ 个取值。　　　（　　）

3. 若将乙酸的浓度稀释为原来的二分之一，则其中的 $c(H^+)$ 也减小为原来的二分之一。　　　　　　　　　　　　　　　　　　　　　　　　（　　）

4. 全部由固态物质组成的系统，一定是单相系统。　　　　　　　　（　　）

5. 升高反应温度，能使反应的标准平衡常数 $K^{\ominus}$ 和速率常数 k 都增大。　（　　）

6. 已知反应 $2NO + H_2 \rightarrow N_2 + H_2O$ 为基元反应，则该反应的速率方程可写为 $r = k[c(NO)]^2 \cdot c(H_2)$。　　　　　　　　　　　　　　　　　　　（　　）

7. 角度波函数不但与主量子数有关，还与角量子数和磁量子数有关。　（　　）

8. 对于浓差电池：$(-)Ag \mid AgNO_3(c_1) \parallel AgNO_3(c_2) \mid Ag(+)$，其标准电动势 $E^{\ominus}$ 一定为 0V，且 $c_2 > c_1$。　　　　　　　　　　　　　　　　　　　（　　）

9. 一定温度下，将适量 NaAc 固体加入 HAc 的水溶液中，会使 HAc 的标准解离常数 $K_a^{\ominus}$ 减小。　　　　　　　　　　　　　　　　　　　　　　　（　　）

10. 非金属原子之间是通过共价键结合的，所以完全由非金属原子形成的晶体都是分子晶体。　　　　　　　　　　　　　　　　　　　　　　　　　（　　）

11. 已知化合物 A 的溶度积常数比化合物 B 的溶度积常数大，那么化合物 A 的溶解度一定比化合物 B 的溶解度大。　　　　　　　　　　　　　　　（　　）

12. 化学反应 $2H_2(g)+O_2(g) \rightleftharpoons 2H_2O(g)$ 的熵变 ΔS 一定小于零。　（　　）

13. 已知某一基元反应是吸热反应，那么其正反应的活化能必然大于其逆反应的活化能。　　　　　　　　　　　　　　　　　　　　　　　　　　　（　　）

14. 已知 O—O 单键的键能为 138kJ/mol，所以 O=O 双键的键能为 276kJ/mol。　　　　　　　　　　　　　　　　　　　　　　　　　　　　　（　　）

15. 水分子（H_2O）与氨分子（NH_3）中，中心原子都采取 sp^3 不等性杂化。（　　）

16. 半衰期是反应物浓度降为初始浓度一半时所需的时间，所以初始浓度越大，半衰期越长。　　　　　　　　　　　　　　　　　　　　　　　　　（　　）

17. 在非极性分子中也可能存在极性共价键。　　　　　　　　　　　（　　）

18. 已知 $E^{\ominus}(HClO/Cl_2) = 1.63V$，$E^{\ominus}(Cl_2/Cl^-) = 1.36V$。则反应 $Cl^- + HClO + H^+ \rightarrow Cl_2 + H_2O$ 在标准状态条件下可以正向自发进行。　　　　　　　　（　　）

19. s 电子与 s 电子之间形成的键一定是 σ 键，而 p 电子与 p 电子之间也可以形成 σ 键。　　　　　　　　　　　　　　　　　　　　　　　　　　（　　）

20. 在一定温度下，浓度相同的 NaCl 水溶液和 Na$_2$SO$_4$ 水溶液，它们产生的渗透压数值不相同。（　　）

二、单项选择题，将正确答案的代码填入题末的括号内。
（本大题分 20 小题，每小题 2 分，共 40 分）

1. "融雪剂"能使冰雪在较低的温度下融化，NaCl 固体和冰的混合物可以作为"致冷剂"，它们所利用的溶液依数性原理是（　　）

　A. 蒸气压下降　　　B. 凝固点下降　　　C. 渗透压　　　D. 沸点上升

2. 在含有 1.0mol/dm^3 NH$_3$ 和 1.0mol/dm^3 NH$_4$Cl 的混合溶液中加入少量强碱后，溶液中的氢离子浓度将（　　）

　A. 不受任何影响　　　　　　　B. 基本保持不变

　C. 显著增加　　　　　　　　　D. 显著降低

3. 晶格能的大小，常用来表示（　　）

　A. 共价键的强弱　　　　　　　B. 金属键的强弱

　C. 分子间作用力的强弱　　　　D. 离子键的强弱

4. 下列各相等浓度的溶液中，导电性最高的是（　　）

　A. $[CoCl_2(NH_3)_4]Cl$　　　　　B. $[Co(NH_3)_6]Cl_3$

　C. $[CoCl_3(NH_3)_3]$　　　　　　D. $[CoCl(NH_3)_5]Cl_2$

5. 下列分子中，偶极矩最大的是（　　）

　A. HCl　　　　B. CH$_4$　　　　C. HI　　　　D. CO$_2$

6. 升高温度通常能使化学反应速率提高，这是由于温度升高能（　　）

　A. 使反应速率常数增大　　　　B. 使平衡发生移动

　C. 使反应的活化能降低　　　　D. 使平衡常数发生变化

7. 在室温下将氧气和氢气混合也不会发生剧烈反应，这是由于反应 2H$_2$(g)+O$_2$(g)=2H$_2$O(g)的（　　）

　A. $\Delta_r G_m^\ominus>0$，不能自发进行　　　B. $\Delta_r S_m^\ominus<0$，不能自发进行

　C. $\Delta_r G_m^\ominus<0$，但反应速率较小　　D. $\Delta_r H_m^\ominus<0$，不利于正反应自发进行

8. 对于一级反应，下列叙述中不正确的是（　　）

　A. 反应物浓度的对数 ln{c} 对时间 t 作图为一直线

　B. 半衰期 $t_{1/2}$ 与反应物的起始浓度无关

　C. 反应物浓度 {c} 对时间 t 作图为一直线

　D. 速率常数 k 的量纲应是 t^{-1}，国际单位为 s^{-1}

9. 首先建立原子核外电子运动波动方程式的科学家是（　　）

　A. 玻尔　　　　B. 薛定谔　　　　C. 普朗克　　　　D. 吉布斯

10. 下列固体物质中熔点最低的是（　　）

　A. NaCl　　　　B. MgO　　　　C. 金刚石　　　　D. NaBr

11. 298K 时，反应 $2C_6H_6(l)+15O_2(g)=6H_2O(l)+12CO_2(g)$ 的等压热效应 Q_p 与等容热效应 Q_V 之差（Q_p-Q_V）约为 （　　）

    A. 2.5kJ/mol   B. -2.5kJ/mol

    C. 7.4kJ/mol   D. -7.4kJ/mol

12. 下列分子中，两个相邻共价键间夹角最大的是 （　　）

    A. H_2O B. $BeCl_2$ C. CH_4 D. BF_3

13. 将反应 $2Fe^{3+}+Cu=2Fe^{2+}+Cu^{2+}$ 改写为 $Fe^{3+}+\frac{1}{2}Cu=Fe^{2+}+\frac{1}{2}Cu^{2+}$，在标准条件下，比较这两个反应方程式，下列叙述中不正确的是 （　　）

    A. 电子得失数不同   B. 组成原电池时，电动势 $E^{\ominus}$ 相同

    C. $\Delta_rG_m^{\ominus}$ 不同，$K^{\ominus}$ 值也不同   D. 组成原电池时，铜作为正极

14. 利用稀溶液的依数性有四种测量摩尔质量的方法，其中测定聚合物摩尔质量最佳的方法是 （　　）

    A. 沸点上升法   B. 蒸气压下降法

    C. 凝固点下降法   D. 渗透压法

15. 下列各组原子半径顺序正确的是 （　　）

    A. K<Na<Li   B. Br<Cl<F

    C. N<P<As   D. C<N<O

16. $CaCO_3$ 固体在下列溶液中溶解度最大的是 （　　）

    A. $0.1mol/dm^3$ $CaCl_2$ B. $0.1mol/dm^3$ EDTA

    C. $0.1mol/dm^3$ Na_2CO_3 D. 纯水

17. 下列各组缓冲溶液中，缓冲能力最佳的是 （　　）

    A. $0.1mol/dm^3$ HAc $+0.1mol/dm^3$ NaAc

    B. $0.1mol/dm^3$ HAc $+0.9mol/dm^3$ NaAc

    C. $0.5mol/dm^3$ HAc $+0.5mol/dm^3$ NaAc

    D. $0.9mol/dm^3$ HAc $+0.1mol/dm^3$ NaAc

18. 下列量子数（n, l, m, m_s）的组合中，不合理的是 （　　）

    A. 3, 0, -1, $+\frac{1}{2}$ B. 3, 2, +2, $-\frac{1}{2}$

    C. 3, 2, +1, $+\frac{1}{2}$ D. 2, 1, 0, $-\frac{1}{2}$

19. 下列化合物中，沸点最高的是 （　　）

    A. SnH_4 B. GeH_4 C. SiH_4 D. CH_4

20. 反应 $A+B=C$ 的反应历程如图所示，升高温度时反应速率的变化是 （　　）

    A. 正反应速率>逆反应速率   B. 正反应速率<逆反应速率

    C. 正反应速率=逆反应速率   D. 温度升高不影响反应速率

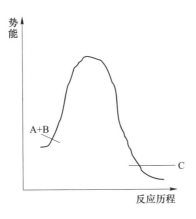

三、填空题。

（本大题分 8 小题，共 20 分）

1. （1分）　$H_2PO_4^-$ 的共轭碱是_____；HCO_3^- 的共轭酸是_____。

2. （2分）　写出下列固态物质的晶体类型：

Na_2O_____；I_2_____；Si_____；Al_____。

3. （2分）　某温度下 PbI_2 在水中溶解度为 $1.35\times10^{-3}mol/dm^3$，则在此温度下 PbI_2 的 $K_{sp}^{\ominus}(PbI_2)$ = _____。

4. （3分）　C、N、O 三种主族元素的第一电离能（I_1）从大到小依次为_____；简述原因：_____。

5. （2分）　室温 25℃下，将 1.24g 某固体试样溶于 10.0g 水中，测得该溶液的凝固点为 −1.86℃，则该固体试样的相对分子质量为_____。（水的 $k_{fp} = 1.86K \cdot kg/mol$）

6. （3分）　乙炔（C_2H_2）分子中，碳原子的轨道杂化方式为_____，分子的空间构型为_____，其中两个碳原子之间有_____个 σ 键，_____个 π 键；H_2O 分子中，O 原子的轨道杂化方式为_____，分子空间构型为_____。

7. （3分）　原子序数为 29 的元素，其核外电子排布式为_____，是____周期____族元素，元素名称为_____，元素符号为_____。

8. （4分）　配位化合物 $[CoCl(NH_3)_3(H_2O)_2]SO_4$ 的中心离子氧化数为_____，配位数为_____，它的系统命名的名称为_____。

四、根据题目要求，通过计算解答下列各题。

（本大题共 4 小题，共 20 分）

1. （本小题 4 分）　已知反应 $N_2+3H_2=2NH_3$ 的 $\Delta_r H_m^{\ominus} = -92.22kJ/mol$。若 298K 时的平衡常数 $K_1^{\ominus} = 6.0\times10^5$，计算 700K 时的平衡常数 $K_2^{\ominus}$。

2. （本小题 6 分）　已知 NO（g）在 298.15K 时的 $\Delta_f G_m^{\ominus} = 86.57kJ/mol$，$\Delta_f H_m^{\ominus} = 90.25kJ/mol$。计算化学反应 $\frac{1}{2}N_2(g) + \frac{1}{2}O_2(g) = NO(g)$ 在 1573K 时的 $\Delta_r G_m^{\ominus}$ 和 $K^{\ominus}$。

3.（本小题 4 分）　已知 H_2CO_3 的 $K_{a1}^{\ominus} = 4.30 \times 10^{-7}$，$K_{a2}^{\ominus} = 5.61 \times 10^{-11}$，计算 0.0500mol/dm^3 H_2CO_3 溶液中的 $c(H^+)$、$c(HCO_3^-)$、$c(CO_3^{2-})$ 各为多少。

4.（本小题 6 分）　在 25℃ 时，测得电池 $(-)Pb(s) \mid Pb^{2+}(1.0 \times 10^{-2} \text{mol/dm}^3) \parallel VO^{2+}(1.0 \times 10^{-1} \text{mol/dm}^3)$，$V^{3+}(1.0 \times 10^{-5} \text{mol/dm}^3)$，$H^+(1.0 \times 10^{-1} \text{mol/dm}^3) \mid Pt(s)(+)$ 的电动势为 $E = +0.670V$。已知 $Pb^{2+} + 2e^- = Pb$，$E^{\ominus} = -0.126V$。

计算：（1）VO^{2+}/V^{3+} 电对的标准电极电势 $E^{\ominus}$；

　　　　（2）反应 $Pb(s) + 2VO^{2+} + 4H^+ \rightleftharpoons Pb^{2+} + 2V^{3+} + 2H_2O$ 的平衡常数 $K^{\ominus}$。

综合测试题五参考答案

一、判断题，对的在题末括号内填"+"、错的填"−"。

（本大题分 20 小题，每小题 1 分，共 20 分）

1~5：− + − − −；6~10：+ − + − −；11~15：− + + − +；16~20：− + + + +。

二、单项选择题，将正确答案的代码填入题末的括号内。

（本大题分 20 小题，每小题 2 分，共 40 分）

1~5：BBDBA；6~10：ACCBD；11~15：DBDDC；16~20：BCAAB。

三、填空题。

（本大题分 8 小题，共 20 分）

1. （1 分） HPO_4^{2-}；H_2CO_3 — 各 0.5 分
2. （2 分） 离子晶体；分子晶体；原子晶体；金属晶体 — 各 0.5 分
3. （2 分） $9.84×10^{-9}$ — 2 分
4. （3 分） N>O>C； — 1 分
   N 具有半充满的稳定结构；同一周期第一电离能随着原子序数的增加而递增 — 2 分
5. （2 分） 124 — 2 分
6. （3 分） sp 杂化；直线型；1 个 σ 键；2 个 π 键；不等性 sp^3 杂化；V 形 — 各 0.5 分
7. （3 分） $1s^2 2s^2 2p^6 3s^2 3p^6 3d^{10} 4s^1$ 或 $[Ar]3d^{10}4s^1$； — 1 分
   第四周期；第一副族或 I B 族；铜；Cu — 各 0.5 分
8. （4 分） +3；6；硫酸一氯·三氨·二水合钴（Ⅲ） — 1 分/1 分/2 分

四、根据题目要求，通过计算解答下列各题。

（本大题分 4 小题，共 20 分）

1. （本小题 4 分）

解： 根据范特霍夫方程：$\ln \dfrac{K_2^{\ominus}(T_2)}{K_1^{\ominus}(T_1)} = \dfrac{\Delta_r H_m^{\ominus}}{R} \times \dfrac{T_2 - T_1}{T_1 T_2}$ — 2 分

$$= \dfrac{-92.22 \times 10^3}{8.314} \times \dfrac{700 - 298}{298 \times 700} = -21.38$$

$$K_2^{\ominus}/K_1^{\ominus} = 5.20 \times 10^{-10}$$

$$K_2^{\ominus} = 3.1 \times 10^{-4}$$ — 2 分

2. （本小题 6 分）

解： $\Delta_r H_m^{\ominus}(298.15K) = \sum \nu \Delta_f H_m^{\ominus}(298.15K) = 90.25kJ/mol$ — 1 分

$$\Delta_r G_m^{\ominus}(298.15K) = \sum \nu \Delta_f G_m^{\ominus}(298.15K) = 86.57kJ/mol \qquad 1分$$

$$\Delta_r S_m^{\ominus}(298.15K) = [\Delta_r H_m^{\ominus}(298.15K) - \Delta_r G_m^{\ominus}(298.15K)]/T$$
$$= (90.25 - 86.57) \times 1000/298.15 = 12.34J/(mol \cdot K) \qquad 1分$$

$$\Delta_r G_m^{\ominus}(1573K) = \Delta_r H_m^{\ominus}(298.15K) - T\Delta_r S_m^{\ominus}(298.15K) = 70.84kJ/mol \qquad 1分$$

$$\ln K^{\ominus} = -\Delta_r G_m^{\ominus}(1573K)/(RT) = -5.417 \qquad 1分$$

$$K^{\ominus} = 4.44 \times 10^{-3} \qquad 1分$$

3. （本小题4分）

解：（1）因为 $K_{a1}^{\ominus} \gg K_{a2}^{\ominus}$，所以求 $c(H^+)$ 及 $c(HCO_3^-)$ 时，只需考虑一级电离。设 $c(H^+) = x$，则

$$H_2CO_3 \rightleftharpoons H^+ + HCO_3^-$$

$c(平衡)/mol \cdot dm^{-3}$ 　　　　$0.0500-x$ 　　　　　　x 　　　　　　x

$$4.30 \times 10^{-7} = (x/c^{\ominus})^2/[(0.05mol/dm^3 - x)/c^{\ominus}]$$

$$x = 1.47 \times 10^{-4} mol/dm^3$$

$$c(H^+) = c(HCO_3^-) = 1.47 \times 10^{-4} mol/dm^3 \qquad 3分$$

（2）利用 H_2CO_3 的二级解离求 $c(CO_3^{2-})$：

$$HCO_3^- \rightleftharpoons H^+ + CO_3^{2-}$$

$$K_{a2}^{\ominus} = [c(H^+)/c^{\ominus}][c(CO_3^{2-})/c^{\ominus}]/[c(HCO_3^-)/c^{\ominus}] = c(CO_3^{2-})/c^{\ominus}$$

所以　$c(CO_3^{2-}) = K_{a2}^{\ominus} = 5.61 \times 10^{-11} mol/dm^3 \qquad 1分$

4. （本小题6分）

解：（1）$E = E^{\ominus} - \dfrac{0.05917}{n}\lg J = E^{\ominus} - \dfrac{0.05917}{n}\lg \dfrac{c(Pb^{2+}) \cdot c^2(V^{3+})}{c^4(H^+) \cdot c^2(VO^{2+})} \qquad 2分$

$$0.670 = E^{\ominus} - \frac{0.05917}{2}\lg \frac{1.0 \times 10^{-2} \times (1.0 \times 10^{-5})^2}{(1.0 \times 10^{-1})^4 \times (1.0 \times 10^{-1})^2} = E^{\ominus} + 0.178$$

所以　$E^{\ominus} = 0.670 - 0.178 = 0.492V \qquad 1分$

$$0.492 = E^{\ominus}(VO^{2+}/V^{3+}) - E^{\ominus}(Pb^{2+}/Pb)$$

所以　$E^{\ominus}(VO^{2+}/V^{3+}) = 0.492 - 0.126 = 0.366V \qquad 1分$

（2）$\lg K^{\ominus} = \dfrac{nE^{\ominus}}{0.05917} \qquad 1分$

$$\lg K^{\ominus} = \frac{2 \times 0.492}{0.05917} = 16.6 \qquad K^{\ominus} = 4 \times 10^{16} \qquad 1分$$

（提供者：边永忠）

综合测试题六（考研试题一）

（总分150分）

一、判断题，对的在题末括号内填"＋"、错的填"－"。
（本大题分30小题，每小题1分，共30分）

1. 只从 $\Delta_r S$、$\Delta_r H$ 和 $\Delta_r G$ 三个热力学函数数值的大小，不能预言化学反应速率的大小。（　　）

2. 凡是反应级数为分数的反应都是复杂反应，反应级数为1、2和3的反应都是基元反应。（　　）

3. 当温度接近绝对零度时，所有放热反应均能自发进行。（　　）

4. $n=2$ 的轨道数为4，$l=3$ 的轨道数为5。（　　）

5. 在下列浓差电池中，只有溶液浓度 $a<b$ 时，原电池符号（－）Cu│$Cu^{2+}(a)$ ‖ $Cu^{2+}(b)$│Cu（＋）才是正确的。（　　）

6. p轨道的角度分布图为"8"字形，这表明电子是沿"8"字形轨迹运动的。（　　）

7. 冰与干冰相比，其熔点和沸点等物理性质有很大的差异，其重要原因之一是冰中 H_2O 分子间比干冰中 CO_2 分子间多了一种氢键作用。（　　）

8. 非极性分子中可以存在极性键。（　　）

9. $Fe(OH)_2$ 碱性强于 $Fe(OH)_3$。（　　）

10. 弱极性分子之间的分子间力均以色散力为主。（　　）

11. PbI_2 和 $CaCO_3$ 的标准溶度积数值相近（约为 10^{-9}），所以两者饱和溶液中 Pb^{2+} 离子和 Ca^{2+} 离子浓度（以 mol/dm^3 为单位）也近似相等。（　　）

12. 含氧酸根的氧化能力通常随溶液的pH值减小而增加。（　　）

13. 已知 OF_2 是极性分子，可判定其分子构型为"V"形结构。（　　）

14. 四氯化碳的熔点、沸点都很低，所以分子对热不稳定。（　　）

15. 外层电子构型为18电子的只有ds区元素的离子。（　　）

16. 由于 Cu^+ 离子与 Na^+ 离子的半径相近，离子所带电荷相同，故NaOH和CuOH碱性相近。（　　）

17. 标准氢电极的电极电势为零是实际测定的结果。（　　）

18. 金或铂能溶于王水，王水中的硝酸是氧化剂，盐酸是配合剂。（　　）

19. 水溶液中，Fe^{3+} 氧化 I^- 的反应，因加入 F^- 会使反应的趋势变小。（　　）

20. H_2S 溶液中 S^{2-} 的浓度数值上等于其 $K_{a2}^{\ominus}$，H_3PO_4 溶液中 PO_4^{3-} 的浓度等于其 $K_{a3}^{\ominus}$。（　　）

21. 一个反应如果是放热反应，当温度升高时，表示补充了能量，因而有助于提高该

反应进行的程度。 （　　）

22. 一定温度下，由于尿素 $CO(NH_2)_2$ 与乙二醇 $(CH_2OH)_2$ 的相对分子质量不同，所以相同浓度的这两种稀的水溶液的渗透压也不相同。 （　　）

23. 由反应 $Cu+2Ag^+=Cu^{2+}+2Ag$ 组成原电池，当 $c(Cu^{2+})=c(Ag^+)=1.0mol/dm^3$ 时，$E^{\ominus}=E^{\ominus}_{(+)}-E^{\ominus}_{(-)}=E^{\ominus}(Cu^{2+}/Cu)-2E^{\ominus}(Ag^+/Ag)$。 （　　）

24. 一定温度下，已知 AgF、$AgCl$、Ag_2CrO_4、$AgBr$ 和 AgI 的 $K^{\ominus}_{sp}$ 依次减小，所以它们的溶解度（以 mol/dm^3 为单位）也依次降低。 （　　）

25. 如果某反应 500K 温度时的标准平衡常数值大于它在 600K 时的标准平衡常数值，则此反应的 $\Delta_r H^{\ominus}_m>0$。 （　　）

26. 已知某温度下，M（某元素的稳定单质）为炼钢时的脱氧剂，有反应 $FeO(s)+M(s)=Fe(s)+MO(s)$ 自发进行。则可知在该条件下 $\Delta_f G_m(MO,s)<\Delta_f G_m(FeO,s)$。 （　　）

27. 质量摩尔浓度相同的葡萄糖和 NaAc 溶液，其溶液的沸点相同。 （　　）

28. 已知 HCN 是直线形分子，所以它是非极性分子。 （　　）

29. 就分子的电偶极矩而言，可判定 $CH_3CH_2CH(CH_3)_2$ 比 $C(CH_3)_4$ 大。 （　　）

30. 将 50℃的一定量的水，置于密闭容器中，会自动冷却到室温。此时密闭容器内水的熵值变小，即 $\Delta S<0$。这说明在密闭容器中的自发过程，系统本身不一定要熵增加。 （　　）

二、选择题，将一个或两个正确答案的代码填入题末的括号内。若正确答案只有一个，多选时，该题为 0 分；若正确答案有两个，只选一个且正确，给 1 分，选两个且都正确给 2 分，但只要选错一个，该小题就为 0 分。

（本大题分 30 小题，每小题 2 分，共 60 分）

1. 升高温度一般能使反应速率提高，这是由于温度升高能 （　　）
   A. 使反应的活化能降低
   B. 使平衡向正方向移动
   C. 使反应速率常数增大
   D. 使阿伦尼乌斯公式中的指前因子增大

2. 极化能力最强的离子应具有的特性是 （　　）
   A. 离子电荷高，离子半径大　　　B. 离子电荷高，离子半径小
   C. 离子电荷低，离子半径小　　　D. 离子电荷低，离子半径大

3. 对弱酸与弱酸盐组成的缓冲溶液，若 $c(弱酸):c(弱酸根离子)=1:1$ 时，该溶液的 pH 值等于 （　　）
   A. $pK^{\ominus}_w$　　　B. $pK^{\ominus}_a$　　　C. $c(弱酸)$　　　D. $c(弱酸盐)$

4. 配制 pH=9.2 的缓冲溶液时，应选用的缓冲对是 （　　）
   A. $HAc-NaAc(K^{\ominus}_a=1.8\times10^{-5})$
   B. $NaH_2PO_4-Na_2HPO_4(K^{\ominus}_{a2}=6.3\times10^{-8})$

C. NH_3-NH_4Cl($K_b^{\ominus}$ = 1.8×10^{-5})

D. $NaHCO_3$-Na_2CO_3($K_{a2}^{\ominus}$ = 5.6×10^{-11})

5. 将过氧化氢加入用稀 H_2SO_4 酸化过的 $KMnO_4$ 水溶液中，发生反应。对于此反应中的过氧化氢，下列说法正确的是　　　　　　　　　　　　　　　　（　　）

　　A. 是氧化剂　　　　　　　　　　　　B. 是还原剂

　　C. 分解成氢气和氧气　　　　　　　　D. 被 H_2SO_4 氧化

6. 晶格能的大小，常用来表示　　　　　　　　　　　　　　　　　　　　（　　）

　　A. 共价键的强弱　　　　　　　　　　B. 金属键的强弱

　　C. 离子键的强弱　　　　　　　　　　D. 氢键的强弱

7. 原子轨道沿两核联线以"肩并肩"的方式进行重叠的键是　　　　　　　（　　）

　　A. σ 键　　　　　　　B. π 键　　　　　　　C. 氢键　　　　　　D. 离子键

8. [$Pt(NH_3)_4Cl_2$]Cl_2 溶液的导电性与等浓度的下列哪种化合物的溶液相近　（　　）

　　A. NaCl　　　　　　B. $CaCl_2$　　　　　　C. $AlCl_3$　　　　　　D. PCl_5

9. 298K 时，反应 $2C_6H_6(l)+15O_2(g)=6H_2O(l)+12CO_2(g)$ 的等压热效应 Q_p 与等容热效应 Q_V 之差（Q_p-Q_V）约为　　　　　　　　　　　　　　　　　　（　　）

　　A. 3.7kJ/mol　　　B. −3.7kJ/mol　　　C. 7.4kJ/mol　　　D. −7.4kJ/mol

10. 下列各组量子数中，相应于氢原子 Schrödinger 方程的合理解（n，l，m，m_s）的一组是　　　　　　　　　　　　　　　　　　　　　　　　　　　　　　（　　）

　　A. 3，0，+1，$-\dfrac{1}{2}$　　B. 2，2，0，$+\dfrac{1}{2}$　　C. 4，3，−4，$-\dfrac{1}{2}$　　D. 5，2，+2，$+\dfrac{1}{2}$

11. 已知 $K_f^{\ominus}$([$Cu(NH_3)_4$]$^{2+}$) = 2.09×10^{13}，$K_{sp}^{\ominus}$[$Cu(OH)_2$] = 2.20×10^{-20}，则反应 $Cu(OH)_2(s)+4NH_3(aq)=[Cu(NH_3)_4]^{2+}(aq)+2OH^-(aq)$ 的标准平衡常数值等于　（　　）

　　A. 4.59×10^{-7}　　　B. 9.50×10^{33}　　　C. 1.05×10^{-7}　　　D. 1.74×10^{33}

12. 认为原子核外电子是分布在不同能级上的实验根据是　　　　　　　　（　　）

　　A. 定组成定律　　　B. 能量守恒定律　　　C. 连续光谱　　　D. 线状光谱

13. 正极为饱和甘汞电极，负极为氢电极，分别插入以下各种溶液，组成四种电池，使电池电动势最大的溶液是　　　　　　　　　　　　　　　　　　　　　　（　　）

　　A. 0.10mol/dm^3 HAc　　　　　　　　　B. 0.10mol/dm^3 HCOOH

　　C. 0.10mol/dm^3 NaAc　　　　　　　　　D. 0.10mol/dm^3 HCl

14. 下列轨道上的电子，在 xy 平面上的电子云密度为零的是　　　　　　（　　）

　　A. 3p$_z$　　　　　　B. 3d$_{z^2}$　　　　　　C. 3s　　　　　　　D. 3p$_x$

15. 易于形成配离子的金属元素是位于周期表中的　　　　　　　　　　　（　　）

　　A. p 区　　　　　　B. d 区和 ds 区　　　　C. s 区和 p 区　　　D. s 区

16. 下列叙述中正确的是　　　　　　　　　　　　　　　　　　　　　　（　　）

　　A. 在恒压下，凡是自发的过程一定是放热的

　　B. 因为焓是状态函数，而恒压反应的焓变等于恒压反应热，所以热也是状态函数

    C. 单质的 $\Delta_f H_m^{\ominus}$ 和 $\Delta_f G_m^{\ominus}$ 都为零

    D. 在恒温恒压条件下，体系自由能减少的过程都是自发进行的

17. 已知 $HCl(g) + NH_3(g) \rightleftharpoons NH_4Cl(s)$，$\Delta_r H_m^{\ominus}(298.15K) = -176.9 kJ/mol$，$\Delta_r S_m^{\ominus}(298.15K) = -284.6 J/(mol \cdot K)$，则在 298.15K 及标准条件下，该反应   (   )

    A. 正向自发进行   B. 逆向自发进行

    C. 处于平衡状态   D. 无法判断

18. $[NiCl_4]^{2-}$ 是顺磁性分子，则它的几何形状为   (   )

    A. 平面正方形   B. 四面体形   C. 正八面体形   D. 四方锥形

19. 一个化学反应达到平衡时，下列说法中正确的是   (   )

    A. 各物质浓度或分压不随时间改变而变化

    B. $\Delta_r G_m^{\ominus} = 0$

    C. 正、逆反应的速率常数相等

    D. 各反应物和生成物的浓度或分压力相等

20. $[Pt(NH_3)_4Cl_2]Cl_2$ 溶液的导电性与等浓度的下列哪种化合物的溶液相近 (   )

    A. NaCl   B. $CaCl_2$ C. $AlCl_3$ D. PCl_5

21. 温度升高而一定增大的量是   (   )

    A. $\Delta_f G_m^{\ominus}$ B. 吸热反应的平衡常数 $K^{\ominus}$

    C. 液体的饱和蒸气压   D. 物质的溶解度 S

22. 难溶电解质 $CaCO_3$ 在浓度为 $0.1 mol/dm^3$ 的下列溶液中的溶解度比在纯水中的溶解度大的有   (   )

    A. $Ca(NO_3)_2$ B. HAc   C. Na_2CO_3 D. KNO_3

23. 下列各种含氢的化合物中含有氢键作用的是   (   )

    A. HNO_3 B. HCHO   C. HCOOH   D. HBr

24. 下列叙述错误的是   (   )

    A. 相同原子间的双键键能是单键键能的两倍

    B. 原子形成共价键的数目，等于基态原子的未成对电子数

    C. 没有电子的空的原子轨道也能参加杂化

    D. H 原子的 3s 轨道和 3p 轨道能量相等，而 Cl 原子的 3s 轨道和 3p 轨道能量不相等

25. 为了使铁阴极上能镀上铜锌合金（黄铜），可于含有 Cu^+ 与 Zn^{2+} 盐溶液中，加入 NaCN，使它们生成相应配离子的电镀液的方法来实施，这是由于此时（已知 $E^{\ominus}(Cu^+/Cu) = 0.521V$，$E^{\ominus}(Zn^{2+}/Zn) = -0.762V$）   (   )

    A. $K^{\ominus}(稳, [Cu(CN)_3]^{2-}) > K^{\ominus}(稳, [Zn(CN)_4]^{2-})$

    B. $K^{\ominus}(稳, [Cu(CN)_3]^{2-}) < K^{\ominus}(稳, [Zn(CN)_4]^{2-})$

    C. $c(Zn^{2+}) \approx c(Cu^+)$

    D. $E(Cu^+/Cu) \approx E(Zn^{2+}/Zn)$

26. 下列分子间仅存在色散力作用的是 （ ）

    A. $HgCl_2$ B. OF_2 C. CH_3OCH_3 D. CH_4 E. NO_2 F. H_2S

27. 373.15K 和 101.325kPa 下，液态水的气化热为 40.69kJ/mol，则 $H_2O(l) \rightarrow H_2O(g)$ 相变过程（用下角标 vap 表示汽化过程）的 $\Delta_{vap}S_m$ 为 （ ）

    A. 406.9J/(K·mol)   B. −109.0J/(K·mol)

    C. −406.9J/(K·mol)   D. 109.0J/(K·mol)

28. 下列说法正确的是 （ ）

    A. 一定温度下气液两相达平衡时的蒸气压称为该液体在此温度下的饱和蒸气压

    B. 氢的电极电势是零

    C. 催化剂既不改变反应的 $\Delta_r H_m$，也不改变反应的 $\Delta_r S_m$ 和 $\Delta_r G_m$

    D. 离子浓度很稀的溶液，在计算中尤其要考虑用活度来代替浓度

29. 下列各种含氢的化合物中含有氢键作用的是 （ ）

    A. HNO_3 B. $HCHO$ C. $HCOOH$ D. HBr

30. $BaCO_3$ 能溶于盐酸的最合理解释是 （ ）

    A. $BaCO_3$ 的 $K_{sp}^{\ominus}$ 较大

    B. $BaCO_3$ 在水中的溶解度较大

    C. 能反应生成 CO_2 气体离开系统，使溶解平衡发生移动

    D. $BaCO_3$ 的 $K_{sp}^{\ominus}$ 较小

三、填空题。

（本大题共 15 小题，总计 32 分）

1. （2 分） 下列两反应：（1）$Zn + Cu^{2+}(1mol/dm^3) \rightarrow Zn^{2+}(1mol/dm^3) + Cu$，（2）$2Zn + 2Cu^{2+}(1mol/dm^3) \rightarrow 2Zn^{2+}(1mol/dm^3) + 2Cu$，则两个反应的下述各项的关系是 $E^{\ominus}$ ＿＿＿＿＿＿＿＿；E＿＿＿＿＿＿＿＿；$K_1^{\ominus}$ 和 $K_2^{\ominus}$ ＿＿＿＿＿＿＿（填相同或不同）。$\Delta_r G_{m1} =$ ＿＿＿＿＿＿＿ $\Delta_r G_{m2}$。

2. （2 分） 将 0.62g 某试样溶于 100g 水中，溶液的凝固点为 −0.186℃，则该试样的相对分子质量为＿＿＿＿，在室温下此溶液的渗透压为＿＿＿＿。（水的 $K_f = 1.86$K·kg/mol）

3. （2 分） 配位化合物 $[CoCl(NH_3)(en)_2]Br_2$ 的中心离子氧化数为＿＿＿＿，配位数为＿＿＿＿，它的系统命名的名称为＿＿＿＿＿＿＿＿＿＿＿＿＿＿＿。

4. （2 分） 在 $0.1mol/dm^3$ HAc 溶液中加入 NaAc 固体后，HAc 浓度＿＿＿＿，电离度＿＿＿＿，pH 值＿＿＿＿＿，电离常数＿＿＿＿＿＿。

5. （2 分） 基元反应 $2NO + Cl_2 = 2NOCl$ 是＿＿＿＿级反应，其速率方程为＿＿＿＿＿＿＿＿＿＿＿。

6. （2 分） 原子序数为 29 的原子核外电子排布式为＿＿＿＿＿＿＿＿＿＿＿＿，元素名称为＿＿＿＿，其最高氧化数为＿＿＿＿。

7. （2分）　绝对零度时任何纯净的完美晶态物质的熵为＿＿＿＿＿＿＿＿，熵的单位为＿＿＿＿＿＿＿。

8. （2分）　试判断下列各组物质的熔点高低（用>或<表示）：

（1）MgO＿＿＿＿＿＿NaF；　　　　（2）H_2O＿＿＿＿＿＿H_2S；

（3）PH_3＿＿＿＿＿＿SbH_3；　　　（4）C(金刚石)＿＿＿＿＿＿C_{60}。

9. （2分）　已知：（1）$E^{\ominus}(Fe^{2+}/Fe)=-0.45V$，（2）$E^{\ominus}(I_2/I^-)=0.54V$，（3）$E^{\ominus}(Fe^{3+}/Fe^{2+})=0.77V$，（4）$E^{\ominus}(Br_2/Br^-)=1.07V$，（5）$E^{\ominus}(Cl_2/Cl^-)=1.36V$，（6）$E^{\ominus}(MnO_4^-/Mn^{2+})=1.51V$。则在标准状态下，

（1）上述电对中最强的还原剂为＿＿＿＿＿＿＿，最强的氧化剂为＿＿＿＿＿＿＿。

（2）选择＿＿＿＿＿＿＿作氧化剂，只能氧化I^-，而不能氧化Br^-。

10. （2分）　已知在823K和标准条件时，（1）$CoO(s)+H_2(g)\rightleftharpoons Co(s)+H_2O(g)$，$K_1^{\ominus}=67.0$；（2）$CoO(s)+CO(g)\rightleftharpoons Co(s)+CO_2(g)$，$K_2^{\ominus}=490$。则在该条件下，下述反应（3）$CO_2(g)+H_2(g)\rightleftharpoons CO(g)+H_2O(g)$的$K_3^{\ominus}$为＿＿＿＿＿＿＿，$\Delta_r G_{m,3}^{\ominus}$为＿＿＿＿＿＿＿。

11. （2分）　比较下列各值大小（用>或<表示）：

（1）元素电离能　N＿＿＿＿＿＿O；（2）元素电负性　O＿＿＿＿＿＿S；

（3）原子半径　S＿＿＿＿＿＿Cl；（4）单电子数目　$[FeF_6]^{3-}$＿＿＿＿＿＿$[Fe(CN)_6]^{3-}$。

12. （2分）　当氨水的浓度为＿＿＿＿＿＿＿mol/dm^3时，溶液中$c(OH^-)$才是1.50×10^{-3} mol/dm^3。[已知$K_b^{\ominus}(NH_3\cdot H_2O)=1.77\times10^{-5}$]

13. （2分）　状态函数的变化值只取决于系统的始态和终态，与＿＿＿＿＿＿＿无关。焓H，内能U，体积功W'和热量Q中，＿＿＿＿＿＿＿不是状态函数。

14. （2分）　就分子或键的极性而言，在CO_2分子中，C—O键是＿＿＿＿＿＿键，CO_2分子是＿＿＿＿＿＿性分子，固态CO_2为＿＿＿＿＿＿晶胞，晶格节点上的微粒相互间靠＿＿＿＿＿＿力结合起来。

15. （4分）　填写下表。

分子	中心原子杂化方式	分子空间构型	分子有无极性	分子间力类型
SiF_4				
NO_2				

四、根据题目要求，通过计算解答下列各题。

（本大题共5小题，总计28分）

1. （本小题5分）　已知硝基苯的凝固点下降常数为$8.10K\cdot kg/mol$，现将某有机化合物$2.08g$溶解到$250g$硝基苯中，其凝固点下降了$0.260℃$，试通过计算说明下列问题：

（1）该有机化合物的摩尔质量为多少？

（2）$17℃$时，若将该化合物$4.17g$溶解到$500g$硝基苯中，溶液的渗透压是多少？（溶液密度近似为$1.0g/cm^3$）

2.（本小题 5 分）　计算 $0.0500\ mol/dm^3\ H_2CO_3$ 溶液中的 $c(H^+)$、$c(HCO_3^-)$、$c(CO_3^{2-})$ 各为多少。（已知 H_2CO_3 的 $K_{a1}^\ominus = 4.30\times10^{-7}$，$K_{a2}^\ominus = 5.61\times10^{-11}$）

3.（本小题 5 分）　已知反应 $2NO(g)+O_2(g)\!=\!=\!2NO_2(g)$ 的 $\Delta_fG_m^\ominus(NO) = 86.6\ kJ/mol$，$\Delta_fG_m^\ominus(NO_2) = 51.7\ kJ/mol$。试通过计算判断在 $25℃$，$p(NO) = 20.27\ kPa$，$p(O_2) = 10.13\ kPa$，$p(NO_2) = 70.93\ kPa$ 时，上述反应自发进行的方向。

4.（本小题 6 分）　将 $1.20\ mol\ SO_2$ 和 $2.00\ mol\ O_2$ 的混合气体，在 $800K$ 和 $1.00\times10^5\ Pa$ 的总压力下，缓慢通过 V_2O_5 催化剂进行反应：$2SO_2(g)+O_2(g)\rightleftharpoons2SO_3(g)$，在等温等压下达到平衡后，测得混合物中生成的 SO_3 为 $1.10\ mol$。试求该温度下上述反应的 $K^\ominus$、$\Delta_rG_m^\ominus$ 及 SO_2 的转化率。

5.（本小题 7 分）　$298K$ 时，在 Ag^+/Ag 电极中加入过量 I^-，设达到平衡时 $c(I^-) = 0.10\ mol/dm^3$，而另一个电极为 Cu^{2+}/Cu，$c(Cu^{2+}) = 0.010\ mol/dm^3$，现将两电极组成原电池，写出原电池的符号、电池反应式，计算电池电动势。［已知 $E^\ominus(Ag^+/Ag) = 0.80V$，$E^\ominus(Cu^{2+}/Cu) = 0.34V$，$K_{sp}^\ominus(AgI) = 1.0\times10^{-18}$］

综合测试题六参考答案

一、判断题，对的在题末括号内填"+"、错的填"–"。
（本大题分 30 小题，每小题 1 分，共 30 分）

1~5：+ – + – +；6~10：– + + + +；11~15：– + + – –；
16~20：– – + + –；21~25：– – – – –；26~30：+ – – + +。

二、选择题，将一个或两个正确答案的代码填入题末的括号内。若正确答案只有一个，多选时，该题为 0 分；若正确答案有两个，只选一个且正确，给 1 分，选两个且都正确给 2 分，但只要选错一个，该小题就为 0 分。
（本大题分 30 小题，每小题 2 分，共 60 分）

1~5：CBBCB；6~10：CBBDD；11~15：ADCAB；16~20：DABAB；
21~25：BC BD AC AB AD；26~30：AD D AC AC AB。

三、填空题。
（本大题共 15 小题，总计 32 分）

1. （2 分）相同；相同；不相同；1/2　　　　　　　　　　　　各 0.5 分
2. （2 分）62；248kPa 或 2.5×10^2kPa　　　　　　　　　各 1 分
3. （2 分）+3；6；二溴化氯·氨·二乙二胺和钴Ⅲ　　　　0.5 分/0.5 分/1 分
4. （2 分）增大；变小；变大；不变　　　　　　　　　　　各 0.5 分
5. （2 分）三；$v = kc(NO)^2 c(Cl_2)$　　　　　　　　　　各 1 分
6. （2 分）$1s^2 2s^2 2p^6 3s^2 3p^6 3d^{10} 4s^1$ 或 $[Ar]3d^5 4s^1$；铬 Cr；+6　　1 分/0.5 分/0.5 分
7. （2 分）0；J/K 或 J/(K·mol)　　　　　　　　　　　　各 1 分
8. （2 分）>；>；<；>　　　　　　　　　　　　　　　　各 0.5 分
9. （2 分）Fe；MnO_4^-；Fe^{3+}　　　　　　　　　　　　0.5 分/0.5 分/1 分
10. （2 分）0.1367；13.6kJ/mol　　　　　　　　　　　　各 1 分
11. （2 分）>；>；>；>　　　　　　　　　　　　　　　　各 0.5 分
12. （2 分）0.127　　　　　　　　　　　　　　　　　　　2 分
13. （2 分）变化的途径；W' 和 Q　　　　　　　　　　　各 1 分
14. （2 分）极性（共价）；非极；简单立方；分子间（或色散）　各 0.5 分
15. （4 分）填写下表。　　　　　　　　　　　　　　　　　每空 0.5 分

分子	中心原子杂化方式	分子空间构型	分子有无极性	分子间力类型
SiF_4	sp^3	正四面体	无	色散力
NO_2	不等性 sp^2	V 形	有	取向力、诱导力、色散力

四、根据题目要求，通过计算解答下列各题。
（本大题共 5 小题，总计 28 分）

1. （本小题 5 分）

（1）$\Delta T_{fp} = k_{fp} \cdot m_B$ 　　　　　　　　　　　　　　2 分

$$M = \frac{8.10\text{K} \cdot \text{kg/mol} \times 2.08\text{g}}{0.26\text{K} \times 0.250\text{kg}}$$

$= 259\text{g/mol}$ 　　　　　　　　　　　　　　　　1 分

（2）$\Pi = cRT = \dfrac{4.17\text{g} \times 8.314\text{kPa} \cdot \text{dm}^3/(\text{mol} \cdot \text{K}) \times 290\text{K}}{259\text{g/mol} \times 0.500\text{dm}^3}$ 　　　1 分

$= 77.6\text{kPa}$ 　　　　　　　　　　　　　　　　1 分

2. （本小题 5 分）

（1）因 $K_{a1}^\ominus \gg K_{a2}^\ominus$，所以求 $c(\text{H}^+)$ 及 $c(\text{HCO}_3^-)$ 时，只考虑一级电离。

设 $c(\text{H}^+) = x$，

	H_2CO_3	$\rightleftharpoons$	H^+	$+$	HCO_3^-
c（平衡）/mol · dm^{-3}	$0.05\text{mol/dm}^3 - x$		x		x

$4.30 \times 10^{-7} = (x/c^\ominus)^2 / [(0.05\text{mol/dm}^3 - x)/c^\ominus]$

$x = 1.47 \times 10^{-4}\text{mol/dm}^3$ 　　　　　　　　　　2 分

$c(\text{H}^+) = c(\text{HCO}_3^-) = 1.47 \times 10^{-4}\text{mol/dm}^3$ 　　　1 分

（2）利用 H_2CO_3 的二级解离求 $c(\text{CO}_3^{2-})$

$K_{a2}^\ominus = \{c(\text{H}^+)/c^\ominus\}\{c(\text{CO}_3^{2-})/c^\ominus\}/\{c(\text{HCO}_3^-)/c^\ominus\} = c(\text{CO}_3^{2-})/c^\ominus$

所以 $c(\text{CO}_3^{2-}) = 5.61 \times 10^{-11}\text{mol/dm}^3$ 　　　2 分

3. （本小题 5 分）

$\Delta_r G_m^\ominus(298.15\text{K}) = \sum \nu_B \Delta_f G_m^\ominus(\text{B})$

$\qquad\qquad = 2\Delta_f G_m^\ominus(\text{NO}_2) - 2\Delta_f G_m^\ominus(\text{NO}) = -69.8\text{kJ/mol}$ 　　1 分

$\Delta_r G_m(298.15\text{K}) = \Delta_r G_m^\ominus(298.15\text{K}) + RT\ln \dfrac{[p(\text{NO}_2)/p^\ominus]^2}{[p(\text{NO})/p^\ominus]^2 \cdot [p(\text{O}_2)/p^\ominus]}$ 　　2 分

$\qquad\qquad = -57.9\text{kJ/mol}$ 　　　　　　　　　　　1 分

$\Delta_r G_m(298.15\text{K}) < 0$，所以正向自发。 　　　　　1 分

4. （本小题 6 分）

（1）

	$2SO_2(g)$	$+$	$O_2(g)$	$\rightleftharpoons$	$2SO_3(g)$
初始物质的量/mol：	1.20		2.00		0
平衡时物质的量/mol：	0.10		1.45		1.10
平衡时分压力：	0.10p/2.65		1.45p/2.65		1.10p/2.65（p 为总压力）
	$p(\text{SO}_2) = 3.77\text{kPa}$		$p(\text{O}_2) = 54.7\text{ kPa}$		$p(\text{SO}_3) = 41.5\text{ kPa}$

$$K^{\ominus} = \{[p(SO_3)]_2 \cdot p^{\ominus}\} / \{[p(SO_2)]_2 \cdot p(O_2)\} = 221$$

1分

2分

(2) $\Delta_r G_m^{\ominus}(800K) = -RT\ln K^{\ominus}$

1分

$$= -35.9 \text{kJ/mol}$$

1分

(3) SO_2 的转化率 $\alpha = (1.10/1.20) \times 100\% = 91.7\%$

1分

5. (本小题7分)

$E(Cu^{2+}/Cu) = 0.34 + (0.0591/2)\lg(0.010) = 0.28V$

2分

$E(AgI/Ag) = 0.80 + (0.0591/1)\lg(K_{sp}^{\ominus}/[I^-])$

$$= 0.80 + 0.0591\lg(1.0 \times 10^{-18}/0.10) = -0.20V$$

2分

所以原电池符号：

Ag，AgI(s) | I^-(0.10mol/dm³) ‖ Cu^{2+}(0.010mol/dm³) | Cu(s)

1分

电池反应式：$2Ag + Cu^{2+} + 2I^- \Longrightarrow 2AgI + Cu$

1分

$E = E(Cu^{2+}/Cu) - E(AgI/Ag) = 0.48V$

1分

（提供者：王明文）

综合测试题七（考研试题二）

（总分 150 分）

一、判断题，对的在题末括号内填"+"、错的填"-"。
（本大题分 30 小题，每小题 1 分，共 30 分）

1. 溶剂从浓溶液通过半透膜进入稀溶液的现象叫作渗透现象。（　　）

2. 现有 H_2CO_3、H_2SO_4、NaOH、NH_4Ac 四种溶液，浓度均为 $0.01mol/dm^3$，同温度下在这四种溶液中，$c(H^+)$ 与 $c(OH^-)$ 之乘积均相等。（　　）

3. $[Fe(CN)_6]^{3-}$ 配离子的配位数是 6，它的 $K^{\ominus}(稳)$ 又大到 10^{42} 数量级，所以这种配离子的溶液中不可能存在 Fe^{3+} 离子和 CN^- 离子。（　　）

4. 用两条相同的锌棒，一条插入盛有 $0.1mol/dm^3$ $ZnSO_4$ 溶液的烧杯中，另一条插入盛有 $0.5mol/dm^3$ $ZnSO_4$ 溶液的烧杯中，并用盐桥将两只烧杯中溶液连接起来，便可组成一个原电池。（　　）

5. 由反应 $Cu+2Ag^+=\!=\!Cu^{2+}+2Ag$ 组成原电池，当 $c(Cu^{2+})=c(Ag^+)=1.0mol/dm^3$ 时，$E^{\ominus}=E^{\ominus}_{(+)}-E^{\ominus}_{(-)}=E^{\ominus}(Cu^{2+}/Cu)-2E^{\ominus}(Ag^+/Ag)$。（　　）

6. 非极性分子中，只存在非极性共价键。（　　）

7. 过渡元素一般具有可变的氧化数（或化合价），这是因为次外层 d 电子可部分或全部地参与成键。（　　）

8. 当主量子数 $n=2$ 时，其角量子数 l 只能取一个数 1。（　　）

9. 所有电子的电子云都有方向性。（　　）

10. 原子光谱是由原子中电子绕核旋转时释放的能量产生的。（　　）

11. 在配合物中，配离子的电荷数一般等于中心离子的电荷数。（　　）

12. 第 II 主族单质的熔点较相应的第 I 主族单质的熔点高。（　　）

13. 实验室中的去离子水，因常溶有空气中的 CO_2 等酸性气体，故其 pH 值常小于 7.0。（　　）

14. 若正反应的活化能小于逆反应的活化能，则该正反应一定是放热反应。（　　）

15. 聚集状态相同的物质组成的系统定为单相系统。（　　）

16. 在溶液中，当某难溶电解质 A_xB_y 的离子浓度（mol/dm^3）乘积 $c(A^{y+})\cdot c(B^{x-})$ 小于溶度积时，则 A_xB_y 必溶解。（　　）

17. 在 $-4\sim-3℃$ 温度条件下进行建筑施工时，为了防止水泥冻结，可在水泥砂浆中加入适量的食盐或氯化钙。（　　）

18. 金属铁比铜活泼，Fe 可以置换 Cu^{2+}，因而三氯化铁不能腐蚀金属铜。[已知 $E^{\ominus}(Fe^{2+}/Fe)=-0.44V$，$E^{\ominus}(Cu^{2+}/Cu)=0.34V$，$E^{\ominus}(Fe^{3+}/Fe^{2+})=0.77V$]（　　）

19. 碳原子只有两个未成对电子，故只能形成两个共价键。（　　）

20. 冰与干冰相比，其熔点和沸点等物理性质有很大的差异，其重要原因之一是冰中 H_2O 分子间比干冰中 CO_2 分子间多了一种氢键作用。 （　　）

21. 由于共价键十分牢固，因而共价化合物的熔点均较高。 （　　）

22. Cu 原子的外层电子构型是 $4s^1$。 （　　）

23. 一般说来，正离子的极化力较强而负离子的变形性较大。 （　　）

24. 在电化学中，$E^{\ominus} = \dfrac{RT}{nF}\ln K^{\ominus}$，因平衡常数 $K^{\ominus}$ 与反应方程式的写法有关，故电动势 $E^{\ominus}$ 也应该与氧化还原反应方程式的写法有关。 （　　）

25. 已知 HCN 是直线形分子，所以它是非极性分子。 （　　）

26. 四氯化碳的熔点、沸点都很低，所以分子对热不稳定。 （　　）

27. 金或铂能溶于王水，王水中的硝酸是氧化剂，盐酸是配合剂。 （　　）

28. 已知在某温度范围内，下列气相反应：$H_2(g) + I_2(g) \rightarrow 2HI(g)$，不是（基）元反应。则在此温度范围内，反应速率与浓度必定不符合下列关系：$v = kc(H_2) \cdot c(I_2)$。 （　　）

29. 外层电子构型为 18 电子的离子都是位于 p 区或 ds 区元素的离子。 （　　）

30. Ca^{2+} 与 Pb^{2+} 离子电荷相同，它们的离子半径分别为 0.1nm 和 0.078nm，差别不大，所以 $CaCrO_4$ 和 $PbCrO_4$ 在水中的溶解度也差别不大。 （　　）

二、单项选择题，将正确答案代码填入题末的括号内。

（本大题分 20 小题，每小题 2 分，共 40 分）

1. 晶格能的大小，常用来表示 （　　）

　　A. 共价键的强弱　　　　B. 金属键的强弱　　　C. 离子键的强弱　　　D. 氢键的强弱

2. 下列各系统中，具有最大摩尔熵值的是 （　　）

　　A. 20K 时的冰　　　　　　　　　　　　B. 273.15K 时的冰

　　C. 373.15K 时的水蒸气　　　　　　　　D. 400K 时的水蒸气

3. 下列分子中电偶极矩最大的是 （　　）

　　A. HCl　　　　　　　　B. H_2　　　　　　　　C. HI　　　　　　　　D. CO_2

4. 就离子电荷和离子半径而论，离子具有最大极化力的条件是 （　　）

　　A. 电荷低，半径小　　　　　　　　B. 电荷高，半径大

　　C. 电荷低，半径大　　　　　　　　D. 电荷高，半径小

5. 已知某弱酸 HA 的 $K_a^{\ominus} = 1\times10^{-10}$，另一弱酸 HB 的 $K_a^{\ominus} = 1\times10^{-5}$，则反应 HB+NaA $\rightleftharpoons$ HA+NaB 的标准平衡常数为 （　　）

　　A. 1×10^{-10}　　　　B. 1×10^{-5}　　　　C. 1×10^{-15}　　　　D. 1×10^{5}

6. 原子轨道沿两核连线以"肩并肩"的方式进行重叠的键是 （　　）

　　A. σ 键　　　　　　　　B. π 键　　　　　　　C. 氢键　　　　　　　D. 离子键

7. 下列物质中熔点最高的是 （　　）

A. NH_3 　　　　　　　B. MgO 　　　　　　　C. CaO 　　　　　　　D. BaO

8. 下列分子中，键和分子都有极性的是　　　　　　　　　　　　　　　　（　　）

A. Cl_2 　　　　　　　B. NH_3 　　　　　　　C. CH_4 　　　　　　　D. BF_3

9. 在含有 $0.10mol/dm^3$ NH_3 和 $0.10mol/dm^3$ NH_4Cl 的混合溶液中，加入少量强酸后，溶液的 pH 值将　　　　　　　　　　　　　　　　　　　　　　　　　　（　　）

A. 显著降低　　　　B. 显著增加　　　　C. 基本保持不变　　　D. 不受任何影响

10. 用惰性电极电解食盐水时，阴极和阳极逸出的产物分别是　　　　　　　（　　）

A. 金属钠和氯气　　　　　　　　　　　　B. 氢气和氯气

C. 氢氧化钠和氯气　　　　　　　　　　　D. 氢氧化钠和氧气

11. 如果体系经过一系列变化，最后又变到初始状态，则体系的　　　　　　（　　）

A. $Q=0$，$W=0$，$\Delta U=0$，$\Delta H=0$

B. $Q\neq0$，$W\neq0$，$\Delta U=0$，$\Delta H=Q$

C. $Q=-W$，$\Delta U=Q+W$，$\Delta H=0$

D. $Q\neq-W$，$\Delta U=Q+W$，$\Delta H=0$

12. 确定原子轨道（或电子云）形状的量子数主要是　　　　　　　　　　　（　　）

A. l 　　　　　　　　B. n 　　　　　　　　C. m 　　　　　　　　D. m_s

13. 如果反应容器的体积增大为原来的 2 倍，则反应 $2NO(g)+O_2(g)\rightarrow 2NO_2(g)$ 〔已知为（基）元反应〕的速率将　　　　　　　　　　　　　　　　　　　（　　）

A. 减小为原来的 1/4 　　　　　　　　　　B. 减小为原来的 1/8

C. 增大为原来的 4 倍 　　　　　　　　　　D. 增大为原来的 8 倍

14. 配制 pH＝9.2 的缓冲溶液时，应选用的缓冲对是　　　　　　　　　　（　　）

A. HAc-NaAc($K_a^\ominus=1.8\times10^{-5}$) 　　　　B. NaH_2PO_4-Na_2HPO_4($K_{a2}^\ominus=6.3\times10^{-8}$)

C. NH_3-NH_4Cl($K_b^\ominus=1.8\times10^{-5}$) 　　　　D. $NaHCO_3$-Na_2CO_3($K_{a2}=5.6\times10^{-11}$)

15. 298K 时，反应 $2C_6H_6(l)+15O_2(g)＝6H_2O(l)+12CO_2(g)$ 的等压热效应 Q_p 与等容热效应 Q_V 之差（Q_p-Q_V）约为　　　　　　　　　　　　　　　　　　　（　　）

A. 3.7kJ/mol 　　　B. -3.7kJ/mol 　　　C. 7.4kJ/mol 　　　D. -7.4kJ/mol

16. 下列各组量子数中，相应于氢原子 Schrödinger 方程的合理解（n，l，m，m_s）的一组是　　　　　　　　　　　　　　　　　　　　　　　　　　　　　　　　（　　）

A. 3，0，$+1$，$-\dfrac{1}{2}$ 　　B. 2，2，0，$+\dfrac{1}{2}$ 　　C. 4，3，-4，$-\dfrac{1}{2}$ 　　D. 5，2，$+2$，$+\dfrac{1}{2}$

17. 以下第二周期各对元素的第一电离能大小次序不正确的是　　　　　　　（　　）

A. Li<Be 　　　　　　B. B<C 　　　　　　　C. N<O 　　　　　　　D. F<Ne

18. 正极为饱和甘汞电极，负极为氢电极，分别插入以下各种溶液，组成四种电池，使电池电动势最大的溶液是　　　　　　　　　　　　　　　　　　　　　　（　　）

A. $0.10mol/dm^3$ HAc 　　　　　　　　B. $0.10mol/dm^3$ HCOOH

C. $0.10mol/dm^3$ NaAc 　　　　　　　　D. $0.10mol/dm^3$ HCl

19. 下列试剂中能使 $PbSO_4(s)$ 溶解度增大的是 （ ）

    A. $Pb(NO_3)_2$ B. Na_2SO_4 C. H_2O D. NH_4Ac

20. 下列叙述中正确的是 （ ）

    A. 在恒压下，凡是自发的过程一定是放热的

    B. 因为焓是状态函数，而恒压反应的焓变等于恒压反应热，所以热也是状态函数

    C. 单质的 $\Delta_f H_m^{\ominus}$ 和 $\Delta_f G_m^{\ominus}$ 都为零

    D. 在恒温恒压条件下，体系自由能减少的过程都是自发进行的

三、多项选择题，将一个或两个正确答案的代码填入题末的括号内。若正确答案只有一个，多选时，该题为 0 分；若正确答案有两个，只选一个且正确，给 1.5 分，选两个且都正确给 3 分，但只要选错一个，该小题就为 0 分。

（本大题分 8 小题，每小题 3 分，共 24 分）

1. 温度升高而一定增大的量是 （ ）

    A. $\Delta_f G_m^{\ominus}$ B. 吸热反应的平衡常数 $K^{\ominus}$

    C. 液体的饱和蒸气压   D. 物质的溶解度 S

2. $Ca_2C_2O_4$ 固体溶解度在下列溶液中溶解度大于纯水溶液中的是 （ ）

    A. HAc   B. $CaCl_2$ C. EDTA   D. $Na_2C_2O_4$

3. 下列各种含氢的化合物中含有氢键作用的是 （ ）

    A. HNO_3 B. HCHO   C. HCOOH   D. HBr

4. 暴露在常温空气中的碳并不燃烧，这是由于反应 $C(s) + O_2(g) = CO_2(g)$ 的 （ ）

    A. $\Delta_r G_m^{\ominus} > 0$，不能自发进行   B. $\Delta_r G_m^{\ominus} < 0$，但反应速率较缓慢

    C. 逆反应速率大于正反应速率   D. 上述原因均不正确

5. 下列叙述错误的是 （ ）

    A. 相同原子间的双键键能是单键键能的两倍

    B. 原子形成共价键的数目，等于基态原子的未成对电子数

    C. 没有电子的空的原子轨道也能参加杂化

    D. H 原子的 3s 轨道和 3p 轨道能量相等，而 Cl 原子的 3s 轨道和 3p 轨道能量不相等

6. 对于反应 $MnO_2 + 2Cl^- + 4H^+ = Mn^{2+} + Cl_2 + 2H_2O$，从标准电极电势看 $E^{\ominus}(MnO_2/Mn^{2+}) = 1.224V < E^{\ominus}(Cl_2/Cl^-) = 1.36V$，$MnO_2$ 不能氧化 Cl^-，但实验室中用 MnO_2 加浓盐酸可以制备氯气。究其原因，从热力学因素分析，下列叙述中不正确的是 （ ）

    A. 两者的 $E^{\ominus}$ 相差不太大   B. 酸度增加，$E(MnO_2/Mn^{2+})$ 也增加

    C. $c(Cl^-)$ 增加，$E(Cl_2/Cl^-)$ 也增加   D. 浓度增加，反应速率增大

7. 在下列各组的两种物质中，采用同类型化学键（离子键、共价键或金属键等）结合的是 （ ）

    A. 金刚石与碳化硅   B. NaCl 与 $AsCl_3$

C. Hg 与 $HgCl_2$　　　　　　　　　　　D. P_4 与 P_4O_{10}

8. 为了使铁阴极上能镀上铜锌合金（黄铜），可于含有 Cu^+ 与 Zn^{2+} 盐溶液中，加入 $NaCN$，使它们生成相应配离子的电镀液的方法来实施，这是由于此时（已知 $E^{\ominus}(Cu^+/Cu)=0.521V$，$E^{\ominus}(Zn^{2+}/Zn)=-0.762V$）　　　　　　　　（　　）

A. $K^{\ominus}(稳,[Cu(CN)_3]^{2-})>K^{\ominus}(稳,[Zn(CN)_4]^{2-})$

B. $K^{\ominus}(稳,[Cu(CN)_3]^{2-})<K^{\ominus}(稳,[Zn(CN)_4]^{2-})$

C. $c(Zn^{2+})\approx c(Cu^+)$

D. $E(Cu^+/Cu)\approx E(Zn^{2+}/Zn)$

四、填空题。

（本大题共 10 小题，总计 26 分）

1. （2分）化学反应速率和化学平衡是两个不同的概念，前者属于＿＿＿＿＿＿＿，后者属于＿＿＿＿＿＿＿范围的问题。

2. （2分）已知反应 $2C(石墨)+O_2(g)=2CO(g)$，$\Delta_r H_m^{\ominus}(298.15K)=-221kJ/mol$，则反应 $2CO(g)=2C(石墨)+O_2(g)$ 的 $\Delta_r H_m^{\ominus}(298.15K)=$＿＿＿＿＿$kJ/mol$，$\Delta_f H_m^{\ominus}(CO,g,298.15K)=$＿＿＿＿＿＿$kJ/mol$。

3. （2分）用硫氰酸钾溶液在白纸上写字，干后，喷射氯化铁溶液，会出现＿＿＿＿色的字，其离子方程式为＿＿＿＿＿＿＿＿＿＿；用硫酸铜溶液在白纸上写字，干后，喷射浓氨水，会出现＿＿＿＿色的字，其离子方程式为＿＿＿＿＿＿＿＿＿＿＿。

4. （2分）将下列物质分别溶解于水配制成浓度相同的稀的水溶液，其蒸气压下降最大的是＿＿＿＿，沸点最低的是＿＿＿＿，凝固点最低的是＿＿＿＿，渗透压最小的是＿＿＿＿。

　　供选物质：（1）乙二醇；（2）$NaCl$；（3）HAc；（4）$MgCl_2$。

5. （2分）原子序数为 47 的原子核外电子排布式为＿＿＿＿，为＿＿＿周期＿＿＿族的元素。

6. （2分）绝对零度时任何纯净的完美晶态物质的熵为＿＿＿＿，熵的单位为＿＿＿＿。

7. （2分）试判断下列各组物质的熔点高低（用>或<表示）：

（1）MgO＿＿＿NaF；（2）H_2O＿＿＿H_2S；（3）PH_3＿＿＿SbH_3；（4）$C(金刚石)$＿＿＿C_{60}。

8. （3分）某金属元素最高氧化数为+2，原子的最外层只有一个电子，原子半径是同族元素中最小的。则该元素位于周期表中第＿＿＿周期第＿＿＿＿族，属＿＿＿＿区元素，其正二价离子的外层电子排布式为＿＿＿＿＿＿＿＿，属于＿＿＿＿电子构型。

9. （4分）配位化合物 $[CoCl(NH_3)_5]Br_2$ 的中心离子氧化数为＿＿＿＿，配位数为＿＿＿＿，它的系统命名的名称为＿＿＿＿＿＿＿＿＿。测量表明该物质为反磁性，则中心离子杂化方式为＿＿＿＿＿＿＿，配离子空间构型为＿＿＿＿＿＿＿。

10. （5分） 填写下表。

分子	中心原子杂化方式	等性与否	分子空间构型	分子有无极性
BBr_3				
NH_3				

五、根据题目要求，通过计算解答下列各题。

（本大题共 5 小题，总计 30 分）

1. （本小题5分） 计算 $0.0500mol/dm^3$ H_2CO_3 溶液中的 $c(H^+)$、$c(HCO_3^-)$、$c(CO_3^{2-})$ 各为多少。（已知 H_2CO_3 的 $K_{a1}^{\ominus} = 4.30 \times 10^{-7}$，$K_{a2}^{\ominus} = 5.61 \times 10^{-11}$）

2. （本小题5分） 当燃料不完全燃烧时，会产生 CO 污染空气。试通过计算说明能否用热分解的方法消除此污染。CO 的热分解方程式为：$CO(g) = C(s) + \frac{1}{2}O_2(g)$，已知 $\Delta_f G_m^{\ominus}(CO, g, 298.15K) = -137.17kJ/mol$，$S_m^{\ominus}(CO, g, 298.15K) = 197.56J/(mol \cdot K)$，$S_m^{\ominus}(C, s, 298.15K) = 5.74J/(mol \cdot K)$，固体碳以石墨计，$S_m^{\ominus}(O_2, g, 298.15K) = 205.03J/(mol \cdot K)$。

3. （本小题6分） 将 1.20mol SO_2 和 2.00mol O_2 的混合气体，在 800K 和 1.00×10^5Pa 的总压力下，缓慢通过 V_2O_5 催化剂进行反应：$2SO_2(g) + O_2(g) \rightleftharpoons 2SO_3(g)$，在等温等压下达到平衡后，测得混合物中生成的 SO_3 为 1.10mol。试求该温度下上述反应的 $K^{\ominus}$、$\Delta_r G_m^{\ominus}$ 及 SO_2 的转化率。

4. （本小题6分） 用强酸小心地将一个 $0.010mol/dm^3$ Na_2CO_3 溶液的酸度调节到 pH = 7.00，在 $1.00dm^3$ 该溶液中加入 0.010mol 固体 $BaCl_2$，有没有 $BaCO_3$ 生成？（忽略固体加入时的体积变化。H_2CO_3：$K_{a1}^{\ominus} = 4.30 \times 10^{-7}$，$K_{a2}^{\ominus} = 5.61 \times 10^{-11}$，$BaCO_3$：$K_{sp}^{\ominus} = 8.2 \times 10^{-9}$）

5. （本小题8分） 在 25℃ 时，测定电池 $Pb(s) | Pb^{2+}(1.0 \times 10^{-2} mol/dm^3) \| VO^{2+}$ $(1.0 \times 10^{-1} mol/dm^3)$，$V^{3+}(1.0 \times 10^{-5} mol/dm^3)$，$H^+(1.0 \times 10^{-1} mol/dm^3) | Pt(s)$ 的电动势为 $E = +0.670V$。计算：

（1） VO^{2+}/V^{3+} 电对的标准电极电势 $E^{\ominus}$；

（2） 反应 $Pb(s) + 2VO^{2+} + 4H^+ \rightleftharpoons Pb^{2+} + 2V^{3+} + 2H_2O$ 的平衡常数 $K^{\ominus}$。

已知：$Pb^{2+} + 2e^- = Pb$，$E^{\ominus} = -0.126V$。

综合测试题七参考答案

一、判断题，对的在题末括号内填"+"、错的填"−"。

（本大题分 **30** 小题，每小题 **1** 分，共 **30** 分）

1~5：− + − + −；6~10：− + − − −；11~15：− + + + −；

16~20：− + − − +；21~25：− − + − −；26~30：− + − + −。

二、单项选择题，将正确答案代码填入题末的括号内。

（本大题分 **20** 小题，每小题 **2** 分，共 **40** 分）

1~5：CDADD；6~10：BBBCB；11~15：CABCB；16~20：DCCDD。

三、多项选择题，将一个或两个正确答案的代码填入题末的括号内。若正确答案只有一个，多选时，该题为 0 分；若正确答案有两个，只选一个且正确，给 1.5 分，选两个且都正确给 3 分，但只要选错一个，该小题就为 0 分。

（本大题分 **8** 小题，每小题 **3** 分，共 **24** 分）

1. BC；2. AC；3. AC；4. B；5. AB；6. CD；7. AD；8. AD。

四、填空题。

（本大题共 **10** 小题，总计 **26** 分）

1. （2分）　化学动力学（速率）；化学热力学（平衡）　　　　　　各1分
2. （2分）　221；−110.5　　　　　　各1分
3. （2分）　血红；$Fe^{3+}+6SCN^- = [Fe(SCN)_6]^{3-}$

　　　　　　蓝；$Cu^{2+}+4NH_3 = [Cu(NH_3)_4]^{2+}$　　　　　　各0.5分
4. （2分）　（4）；（1）；（4）；（1）　　　　　　各0.5分
5. （2分）　$[Kr]4d^{10}5s^1$；五；ⅠB　　　　　　1分/0.5分/0.5分
6. （2分）　0；J/K 或 J/(K·mol)　　　　　　各1分
7. （2分）　>；>；<；>　　　　　　各0.5分
8. （3分）　四；ⅠB；ds；$3s^23p^63d^9$；9~17　　　　0.5分/0.5分/0.5分/1分/0.5分
9. （4分）　+3；6；（二）溴化氯·五氨·合钴（Ⅲ）；d^2sp^3；八面体

　　　　　　　　　　　　　　　　　　0.5分/0.5分/1分/1分/1分
10. （5分）　填写下表。

分子	中心原子杂化方式	等性与否	分子空间构型	分子有无极性
BBr_3	sp^2	等性	平面正三角形	无
NH_3	sp^3	不等性	三角锥形	有
	各1分	各0.5分	各0.5分	各0.5分

五、根据题目要求，通过计算解答下列各题。
（本大题共 5 小题，总计 30 分）

1. （本小题 5 分）

（1）因 $K_{a1}^{\ominus} \gg K_{a2}^{\ominus}$，所以求 $c(H^+)$ 及 $c(HCO_3^-)$ 时，只考虑一级电离。设 $c(H^+)=x$，

$$H_2CO_3 \rightleftharpoons H^+ + HCO_3^-$$

$c(\text{平衡})/\text{mol/dm}^3$ 0.05mol/dm^3-x x x

$4.30 \times 10^{-7} = (x/c^{\ominus}) \times 2 / [(0.05\text{mol/dm}^3 - x)/c^{\ominus}]$

$x = 1.47 \times 10^{-4}\text{mol/dm}^3$ 2分

$c(H^+) = c(HCO_3^-) = 1.47 \times 10^{-4}\text{mol/dm}^3$ 1分

（2）利用 H_2CO_3 的二级解离求 $c(CO_3^{2-})$：

$K_{a2}^{\ominus} = [c(H^+)/c^{\ominus}][c(CO_3^{2-})/c^{\ominus}] / [c(HCO_3^-)/c^{\ominus}] = c(CO_3^{2-})/c^{\ominus}$

所以 $c(CO_3^{2-}) = 5.61 \times 10^{-11}\text{mol/dm}^3$ 2分

2. （本小题 5 分）

$\Delta_r G_m^{\ominus}(298.15K) = \sum \nu \Delta_f G_m^{\ominus}(298.15K) = 137.17\text{kJ/mol}$ 1分

$\Delta_r S_m^{\ominus}(298.15K) = \sum \nu S_m^{\ominus}(298.15K) = -89.31\text{J/(mol·K)}$ 1分

根据公式 $\Delta_r G_m^{\ominus}(T) \approx \Delta_r H_m^{\ominus}(298.15K) - T\Delta_r S_m^{\ominus}(298.15K)$ 1分

$\Delta_r H_m^{\ominus}(298.15K) = 110.54\text{kJ/mol}$ 1分

为 "+−" 型反应，$\Delta_r G_m^{\ominus}(T)$ 恒大于 0，故标准条件下任何温度时正反应都不能自发进行，故不能用热分解的方法消除 CO 的污染。   1分

3. （本小题 6 分）

（1） $2SO_2(g)$ + $O_2(g)$ $\rightleftharpoons$ $2SO_3(g)$

初始物质的量/mol：   1.20   2.00   0

平衡时物质的量/mol：   0.10   1.45   1.10

平衡时分压力： $0.10p/2.65$ $1.45p/2.65$ $1.10p/2.65$（p 为总压力）

1分

$K^{\ominus} = \{[p(SO_3)] \times 2 \times p^{\ominus}\} / \{[p(SO_2)] \times 2 \times p(O_2)\} = 221$ 2分

（2）$\Delta_r G_m^{\ominus}(800K) = -RT\ln K^{\ominus} = -35.9\text{kJ/mol}$ 2分

（3）SO_2 的转化率 $\alpha = (1.10/1.20) \times 100\% = 91.7\%$ 1分

4. （本小题 6 分）

$H_2CO_3 \rightleftharpoons HCO_3^- + H^+$ $[HCO_3^-]/[H_2CO_3] = K_1/c(H^+) = 4.30 \times 10^{-7}/1.0 \times 10^{-7} = 4.30$

$HCO_3^- \rightleftharpoons CO_3^{2-}+H^+$ $[CO_3^{2-}]/[HCO_3^-]=K_2/c(H^+)=5.61\times10^{-11}/1.0\times10^{-7}=5.61\times10^{-4}$

所以 CO_3^{2-} 的浓度相比之下可忽略。   1分

由物料平衡：$[H_2CO_3]+[HCO_3^-]=0.010$ 与 $[HCO_3^-]=4.3[H_2CO_3]$ 2分

解得：$[HCO_3^-]=8.1\times10^{-3}mol/dm^3$ 1分

$[CO_3^{2-}]=5.61\times10^{-4}[HCO_3^-]=4.5\times10^{-6}mol/dm^3$ 1分

因为 $[Ba^{2+}]=0.010mol/dm^3$ 所以 $[Ba^{2+}][CO_3^{2-}]=4.5\times10^{-8}>K_{sp}^{\ominus}$

所以有 $BaCO_3$ 生成。   1分

5. （本小题8分）

（1） $E=E^{\ominus}-\dfrac{0.05917}{n}\lg Q=E^{\ominus}-\dfrac{0.05917}{n}\lg\dfrac{c(Pb^{2+})\cdot c^2(V^{3+})}{c^4(H^+)\cdot c^2(VO^{2+})}$ 2分

$0.670=E^{\ominus}-\dfrac{0.05917}{2}\lg\dfrac{1.0\times10^{-2}\times(1.0\times10^{-5})^2}{(1.0\times10^{-1})^4\times(1.0\times10^{-1})^2}=E^{\ominus}+0.178$

所以　$E^{\ominus}=0.670-0.178=0.492V$ 1分

$0.493=E^{\ominus}(VO^{2+}/V^{3+})-E^{\ominus}(Pb^{2+}/Pb)$

所以　$E^{\ominus}(VO^{2+}/V^{3+})=0.492-0.126=0.366V$ 2分

（2） $\lg K^{\ominus}=\dfrac{nE^{\ominus}}{0.05917}$ 2分

$\lg K^{\ominus}=\dfrac{2\times0.492}{0.05917}=16.6$ $K^{\ominus}=5\times10^{16}$ 1分

（提供者：王明文）

参 考 文 献

[1] 王明文. 普通化学简明教程 [M]. 第二版. 北京：科学出版社，2019.

[2] 王明文. 普通化学简明教程 [M]. 北京：科学出版社，2014.

[3] 王明华. 普通化学 [M]. 第五版. 北京：高等教育出版社，2002.

[4] 黄可龙. 无机化学 [M]. 北京：科学出版社，2007.

[5] 刘又年. 无机化学 [M]. 第二版. 北京：科学出版社，2013.

[6] 徐端钧. 新编普通化学 [M]. 第二版. 北京：科学出版社，2012.

[7] 曲宝中. 新大学化学 [M]. 第二版. 北京：科学出版社，2007.

[8] 大连理工大学普通化学教研组. 大学普通化学 [M]. 第五版. 大连：大连理工大学出版社，2004.

[9] 浙江大学普通化学教研组. 普通化学 [M]. 第六版. 北京：高等教育出版社，2011.

[10] 傅献彩. 大学化学（上、下册）[M]. 北京：高等教育出版社，1999.

[11] 华彤文，陈景祖，等. 普通化学原理 [M]. 第三版. 北京：北京大学出版社，2005.

[12] Brown T E, LeMay H E, Bursten B E, et al. Chemistry：The Central Science, 11th Ed. [M]. Prentice Hall, 2008.

[13] 大连理工大学无机化学教研室. 无机化学 [M]. 第五版. 北京：高等教育出版社，2006.

[14] 宋天佑，程鹏，王杏桥. 无机化学（上册）[M]. 北京：高等教育出版社，2004.

[15] 严宣申，王长富. 普通无机化学 [M]. 第二版. 北京：北京大学出版社，1999.

[16] 王明华，许莉. 普通化学习题解答 [M]. 北京：高等教育出版社，2002.

[17] 李健美，李利民. 法定计量单位在基础化学中的应用 [M]. 北京：中国计量出版社，1993.

[18] 黄孟健. 无机化学答疑 [M]. 北京：高等教育出版社，1989.

[19] 林平娣. 无机化学热力学 [M]. 北京：北京师范大学出版社，1986.

[20] 朱裕贞，顾达，黑恩成. 现代基础化学 [M]. 第二版. 北京：化学工业出版社，2004.